光因素对家禽机能的调控

陈继兰　李云雷　著

中国农业科学技术出版社

图书在版编目（CIP）数据

　　光因素对家禽机能的调控 / 陈继兰，李云雷著 . — 北京：
中国农业科学技术出版社，2020.12
　　ISBN 978-7-5116-3733-8

　　Ⅰ . ①光… Ⅱ . ①陈… ②李… Ⅲ . ①家禽—光照期—饲养
管理 Ⅳ . ① S83

　　中国版本图书馆 CIP 数据核字（2018）第 123452 号

责任编辑　　陶　莲　鱼汲胜
责任校对　　李向荣

出 版 者　　中国农业科学技术出版社
　　　　　　北京市中关村南大街 12 号　邮编：100081
电　　话　　（010）82106625（编辑室）（010）82109702（发行部）
　　　　　　（010）82109709（读者服务部）
传　　真　　（010）82106625
网　　址　　http://www.castp.cn
经 销 者　　各地新华书店
印 刷 者　　北京建宏印刷有限公司
开　　本　　880mm×1 230mm　1/32
印　　张　　3.5
字　　数　　101 千字
版　　次　　2020 年 12 月第 1 版　2020 年 12 月第 1 次印刷
定　　价　　88.00 元

著者名单

主　著　陈继兰　李云雷

参　著（按姓氏笔画排序）

马淑梅　王茂森　王莹莹　王攀林　石　雷

白　皓　毕瑜林　朱　静　华登科　刘　念

刘一帆　许　红　孙研研　孙振远　李冬立

陈　超　赵　永　贺海军　秦　宁　袁经纬

倪爱心　徐松山　郭艳丽　唐　诗　黄子妍

麻　慧　富　丽　谢金防　谢昭军　薛夫光

前　言

　　农业农村部"十一五"期间成立了现代农业产业技术体系，本人荣幸地接受了肉鸡产业技术体系生产与环境控制功能研究室的饲养工艺岗位，按照农业农村部科教司的统一部署，先调研再立题。从体系组织调查得来的众多生产技术问题里，寻找和自己岗位相符、有意义又有条件开展的研究课题。通常所说的温度、湿度、通风和光照这几个环境因素里，光照比较容易创造条件去开展研究，属于遮光点灯就可控的环境因素，其他如温度、湿度和通风必须在全封闭、全自动控制的环控仓里进行。出于这个原因，初步选择了光照这个因素开始筹划专门的调研。根据生产实际，设计了一套表格，内容包括养殖类型、鸡舍模式、肉鸡类型、出栏日龄、灯的类型、功率、颜色、光照节律以及灯泡的纵横间距等。此次共调查了 13 个肉鸡主产区（省）、24 个企业（养殖户），总共年出栏 1.22 亿只肉鸡的光照制度，结果令人意外，一是光照制度五花八门，更重要的是发现光照时间长、强度大并没有给养殖带来更多的效益，反而消耗更多的电能。国内肉鸡采取的光照方式大致分为自然光照、23 小时光照和渐变式光照 3 种，白羽肉鸡采用后两者居多，黄羽肉鸡则三者比例差异不大，间歇式光照应用很少。调研结果显示，即使同为白羽肉鸡，43~45 天出栏，平均每天光照时间最低 13.7 小时，最高为全天 24 小时光照，而出栏体重最大或饲料报酬最高的并不是光照时间最长的鸡群。与此同时，当时养殖采用的主要还是白炽灯泡，部分采用普通节能灯，极少采用 LED 灯；除了与当时灯具成本高有关以外，更重要的是普遍担心使用 LED 灯的效果不如白炽灯或节能灯。

相比之下，蛋鸡的基本光照制度显得比较成熟，育成期不能增加光照，产蛋期不能减少光照，产蛋期光照强度在 10~20 勒克斯，蛋鸡的这些基本光照制度已深入人心。肉鸡的光照似乎没那么重要，实践中未得到足够的重视。光照在蛋鸡和肉鸡饲养中重视程度存在差异的原因主要在于，产蛋对光照的变化十分敏感，产蛋期光照逐日缩短或节律不稳定，光照强度不足，产蛋量下降甚至停产，育成期光照时数逐日增加，则导致开产提前、产蛋量下降和蛋重减小等问题。光照对肉鸡生产性能的影响不像产蛋性能那样能非常明显地被观察到，因而不容易引起重视，正因如此，肉鸡光照制度在各地大不相同。黄羽肉鸡出栏时间在 50~120 天，出栏时间差别之大，加之分布地域之广，出栏要求不同，比如对性成熟的要求会改变对光照程序的要求，因此有必要对黄羽肉鸡光照程序进行系统研究，引导养殖者采用合理的光照程序，对于肉鸡的高效生产具有重要意义。

在接下来的 8 年里，在肉鸡产业体系的带动下，本岗位率先启动肉鸡光照制度的研究，通过优化和示范推广，使该问题得到广泛重视，各地也陆续开展相关研究和验证工作，同时也带动了其他产业体系对鸭、猪乃至牛羊光照制度的广泛关注。"十二五"至今，本团队围绕光要素对肉鸡和蛋（种）鸡的生产性能、肉蛋品质、性成熟、繁殖性能、动物行为和福利等一系列性状，系统开展了研究和示范推广工作，共发表研究论文 36 篇，5 个专利获得授权和应用。本团队牵头完成的"北京油鸡新品种培育与产业升级关键技术研发应用"获得 2019 年北京市科技进步一等奖和大北农科技奖，光照作为产业升级技术是本项目的重要创新点之一。

取得上述成绩要特别感谢现代农业产业技术体系（CARS-42-G20，2011—2016；CARS-40-K07，2017—2020）和国家重点研发计划（2016YFD050050102，2017YFD0502004）的经费支持，感谢北京百年栗园生态农业有限公司，公司负责人刘成军先生为试验建造了专用鸡舍，为所有光照试验提供了重要基础条件。作者有幸在加拿大曼尼托巴大学

（Univerity of Manitoba）张强教授引荐下，结识了专门研制生物照明的吴佐礼博士，后来的试验用 LED 灯都是在吴博士的亲自指导下，由江苏无锡诺达克生物照明科技公司特制而成。感谢国家肉鸡产业技术体系相关专家和试验站的大力支持和配合，使整个研究和中试推广工作顺利进行，并取得显著成效。在此一并对给予过本项目支持与帮助的所有领导、同行、同事和同学表示诚挚的谢意。

著　者
2020 年 11 月

目　录

第一章 概 论

　　宇宙、地球与人类的共生至今仍是一个奥秘。太阳光决定了人类乃至整个生物界的存在。绿色植物通过光合作用制造有机物，使自身得以生存。人类和动物的食物也都直接或间接地来自光合作用制造的有机物，煤炭、石油、天然气等燃料中所含有的能量，也都是古代绿色植物通过光合作用储存起来的。绿色植物不断地通过光合作用吸收二氧化碳和释放氧，使大气中的氧和二氧化碳含量保持相对稳定，生命由此得以周而复始。

第一节　光照与动物的各种活动密切相关

　　光照影响动物行为。鸟类从睡眠中醒来与光照强度有直接关系，因此在不同季节鸣叫时间不同；幼小的鳗鱼在白天溯流而上，但在夜间就隐藏起来停止洄游；蝗虫迁飞时遇到太阳被云遮住就立即停止飞行。

　　动物的行为与光照强度有关。有的动物适应弱光，称为夜行性动物。有的动物适应较强的光照条件，称为昼行性动物。喜光动物具有趋光性，如苍蝇；避光性动物则喜欢阴影，如蚂蟥、疟蚊等。

　　动物的季节性活动，虽然有很多种原因，但光是最主要的因素。在一年之中随着季节的变化，光对动物的形态、生理、生态都会发生作用。例如，鸟类、哺乳类（海豹、鲸、鹿等）、爬行类（如海龟）和鱼类都有季节性迁移的习性，其中候鸟的迁移最引人注意，它们定期、定向，保持严格的季节周期，都与日光照射时间的长短有关。它们的生殖腺受长时间日照后就朝向北方飞行，而在秋季短时间日照下，生殖腺萎缩就向南方飞行。

鸟类更换羽毛、动物脱毛都与日光照射时间的长短有关。根据试验，将生活在雪地中的雪兔一整年都放在由人工控制短时间日光照射下，尽管温度保持夏季的21℃，结果毛色仍保持冬季的白色，而不呈现夏季的棕黄色。

动物是经由身体的表面接受光的热能的，许多变温动物如蛇和鳄鱼等在活动之前必须先晒太阳取暖，然后才开始活动。鸟类和哺乳类动物也常进行日光浴利用阳光取暖，以维持热能代谢的平衡，另外还能促进体内维生素D的合成。动物的身体表面都有一定的颜色和结构，就是为了有利于从日光照射中吸取热能，例如高山地区昆虫大多是黑色，因此可以吸收较多的太阳能，同时还可防止紫外线的伤害。

青蛙和鲑鱼的卵在有光的情况下，才能正常发育，并且比无光的环境下发育得更快。相反，生活在阴暗环境下的昆虫，在有光的环境下发育迟缓。这些都表示光对于动物的生长有减缓或促进的作用。

变色龙的体色变化不同，其颜色变化决定于环境因素，例如光线、温度以及情绪。人们一般认为，变色龙变色是为了与周围环境颜色一致，其实这是误解，实际也是对光的一种应激反应。

第二节　光照与动物的生理现象

全世界家禽的生产体系多种多样，包括完全露天放养、半开放式鸡舍、全密闭式鸡舍。人们认为，通过家禽饲养设备来改善环境的多变性，是一种既能达到生产目标又能解决动物福利问题的有效措施。多样的管理技术可以使高温对动物生产性能带来的负面影响降到最低，在这样的技术中，光照方案获得越来越多的关注。光直接或间接为生物体提供生存所必需的能量，还以周期变化、光照强度和光谱等要素属性被动物的光感受器感知，含有光子的能量经光化学反应转变为具有调控作用的生物学信号。人们发现，大多数鸟类受长日照的影响而表现出明显的季节性繁殖，从此研究人员开始了光照信号对各种生理现象影响的研究。

生物体的行为都受到大脑的控制，而大脑是靠各种神经细胞整合来完成各种指令的发送。用光照作为调控手段是一种研究神经活动的新方法，也间接说明光照对生物体的行为活动具有控制作用。利用光照使部分体内化合物从封闭状态转变成活性状态，利用光照激活表达于神经细胞膜上的光敏感蛋白质，利用光照打开或关闭连接有光致异构的化学基团的通道，从而调控神经活动。

光照是许多生理学和行为学过程调控中的一个很重要的外部因素，也是家禽生产中最重要的环境因素之一，光照对于视觉，包括光敏度和色彩鉴别必不可少，而且对家禽的形态、物质代谢方面都有重要的生理意义和经济意义。与哺乳动物相比，家禽对光照环境的变化更加敏感，使其许多基本功能表现出周期性和同步性，如体温和促进采食与消化的各种代谢方式。随着畜牧养殖技术的提高，人们渐渐开始关注畜禽的繁殖力、存活率的更新技术以及有助于畜禽生长的环境，从而获取最高的经济效益。一般认为禽类有 3 个光感受器：一个为视网膜感受器即眼睛，光线刺激经视神经叶到达大脑，信号被整合为图像；视网膜感受器可以产生视觉，是正常生命活动的重要基础。视网膜上存在两种感光细胞，其中视锥细胞在中央凹分布密集，光敏感性差，但视敏度高，有色觉；视杆细胞分布在视网膜周边，数量多，光敏感度较高，但分辨能力差，无色觉。另一个是下丘脑感受器，光线直接通过颅骨作用于下丘脑。光信息通过下丘脑内的光受体将光信息转化为生物信号，下丘脑接受刺激后分泌促性腺释放激素，该激素通过垂体门脉系统到达垂体前叶，引起卵泡的发育和排卵。发育的卵泡产生雌激素，促使母鸡输卵管发育并维持其机能，使母鸡鸡冠变红、趾骨开张等第二性征显现。雌激素还能使家禽皮肤里的 7-脱氢胆固醇转变为维生素 D_3，促进钙的代谢，有利于蛋壳形成。排卵激素则引起母鸡排卵。切除或使脑下垂体前叶受伤，下丘脑接受光照变化的刺激，如明暗交替，将光子转变为神经冲动的传导器，感知昼夜和季节变化，激活下丘脑-垂体-性腺轴，并进一步影响其内分泌、活动、体温调节、迁徙和季节性繁殖活动等。松果体是重要的神经内分泌器官，对生殖、内分泌和生物节律系统都有一定的调节作用，被认为是禽类的第三个感受器。低等脊椎动物的松果体对光敏感，哺乳动物松果体细胞不具备光感作用，但可通过视网膜起始的神经通路的传递间接接受光照刺激。光照敏感作用物存在于中枢神经系统内，再由神经组成部分作用于脑下垂体腺细胞或脑下垂体神经，促使分泌引起产蛋的激素。

一般认为，光照的主要目的在于延长鸡的采食时间，使其能充分采食、消化，达到增重快，饲料转化率高，有利于雏鸡的健康成长。实践表明，光照的时间和强度、光线的颜色和波长、光照刺激的起始时间和黑暗期的间断等都会在家禽生长发育、成熟和繁殖过程中对激素分泌有刺激作用，对家禽增重率、体成熟、性成熟、产蛋时间、产蛋率、精液的产生与交配活动等产生影响。

快速生长型肉禽在畜禽养殖规模化、集约化和标准化不断推进的背景下，要求在缩短养殖周期的同时，获得更高的出栏重和饲料转化效率，以满足市场需要。但生长过快会降低家禽的体质健康和抗病能力，引发一些负面效应，如骨骼畸形、猝死和代谢疾病等。采用适宜的光照制度会使鸡的生长率提高，饲料转化率保持在较高的水平，增加身体活动量，刺激骨骼发育，减少腿部损伤，促进物质代谢和生长发育，同时缓解肉鸡的应激反应，提高动物福利水平。对于产蛋的家禽，光照可以调节家禽的性成熟期，提高产蛋率、受精率、种蛋合格率，控制休产、换羽和就巢，以及防止或减少恶癖症等的发生。

第三节　不同波长对家禽的作用

光照颜色是通过波长来反映的，相邻两个峰值间的距离即为光波长，单位可用纳米（nm）、微米（μm）、厘米（cm）、米（m）和拉姆达（λ）等表示。根据波长的不同光照颜色可分为：红光（630~780纳米）、橘黄光（600~630纳米）、黄光（565~600纳米）、绿光

（500~565 纳米）、蓝光（435~500 纳米）和紫光（380~435 纳米）。光照颜色的不同源于不同波长的光线作用于视网膜后在脑中引起的主观印象存在差异。光感受器对物理强度相同，但波长不同的光，其电反应的幅度也各不相同，这种特点通常用光谱敏感性来描述。在具有色觉的动物包括人在内，视锥细胞按其光谱敏感性可分为 3 类，分别对红光、绿光、蓝光有最佳反应，与视锥细胞 3 种视色素的吸收光谱十分接近，色觉具有三变量性，任一颜色在原理上都可由 3 种经选择的原色（红、绿、蓝）相混合而得以匹配。在视网膜中可能存在着 3 种分别对红、绿、蓝光敏感的光感受器，它们的兴奋信号独立传递至大脑，然后综合产生各种色觉。色盲的一个重要原因正是在视网膜中缺少一种或两种视锥细胞色素。在人类的视网膜上存在分别对蓝光、绿光和红光敏感的 3 种视锥细胞或相应的感光色素。禽类的许多活动都依赖于色觉，例如觅食和挑选配偶，禽类的视觉比人类进化的更发达，禽类视网膜上除了上述人类的 3 种视锥细胞外，还具有一种对 415 纳米的光线敏感的视锥细胞，其含有的油滴可允许 400 纳米以下波长的光通过，即拥有四色视觉。包括家禽在内的鸟类对光照颜色的感知是通过视网膜中央凹密集分布的视锥细胞完成的。鸟类有两种视锥细胞，即单视锥细胞与双视锥细胞。双视锥有两个细胞，一为主细胞，另一为附属细胞，通常无油滴，紧密并置在一起。双视锥细胞是鱼类、两栖类和鸟类的主要视锥细胞，在脊椎动物中也存在，但是在包括人类的胎生动物中尚未发现。双视锥在鸟类视觉中所起的特殊作用仍不清楚。因此，鸟类对短波光的敏感性远远大于人类，可以接收部分紫外光，而且同样的光源在禽类和人类所引起的视觉也会有所不同。

由于不同颜色的光其波长是不同的，当进入眼睛时由于经过瞳孔张缩过滤作用，决定各种光波透过的程度。禽类具有优越的视觉机能，其可见光谱范围（380~760 纳米）比人类更广，能够区分不同的颜色。不同波长的光会对视网膜造成不同的刺激，使禽类的生长发育、精神食欲和产蛋率等都可产生一定的影响。就光的性质来看，红光的波长较长，故容易透过。

各种不同颜色的灯光对家禽的作用不同。红色光对青年鸡和雏鸡有抑制生长速度和推迟性成熟的影响，能够促进产蛋量，但使受精率下降，鸡群趋于安静，啄癖发生率极低。黄色光使饲料报酬降低，性成熟延迟，蛋重增加，产蛋率下降，啄癖发生率提高。对种鸡而言，绿光可使性成熟提前，公鸡配种能力增强，增重加快。孵化器内对种蛋进行绿光照射会使雏鸡畸形，造成雏鸡内脏异位增加但不影响孵化率。蓝光可促进性成熟，提高公鸡的繁殖力、日增重，减少啄癖；还能显著升高睾酮水平。公鸡在白光或红光下性发育最好，当光照从无刺激光波转变为有刺激光波时，对母鸡的性发育有影响，而刺激性光波的强弱影响不大。另外，利用红外线照射雏鸭有助于防寒，提高成活率，促进其生长发育；红外线有消炎、镇痛和促进伤口愈合等作用，能够增强机体杀菌力和免疫力。紫外线有利于维生素 D_3 合成，促进骨骼发育。

不同单色光照饲养可以改善肉鸡小肠黏膜结构，提高其吸收营养的能力，从而促进其生长发育及肌肉品质。家禽在蓝光和绿光下显著提高小肠绒毛长度，降低小肠隐窝深度、提高小肠免疫屏障作用，生长速度快，肌肉 pH 值、系水能力和蛋白质含量较高，是因为蓝光和绿光使小肠黏膜形态结构发生变化，进而促进家禽的消化吸收能力，提高生产性能。另外这两种光能促进生长激素受体基因的表达、卫星细胞增殖和刺激肉鸡肌肉纤维的增长。红光照射下肌肉蒸煮损失、脂肪含量较高。

光的颜色对家禽免疫反应和抗应激能力产生不同程度的影响。蓝绿光能够促进肉鸡脾淋巴细胞增殖和新城疫抗体效价，白细胞减少最多，提高其免疫力，白色光白细胞减少最少，红光和蓝光居中。蓝绿光能提高肌肉中抗氧化酶活性，降低丙二醛（MDA）含量，缓解肉鸡的应激反应。这是因为蓝光和绿光对肉鸡抗氧化和免疫力的影响主要是间接地通过褪黑激素（MT）的作用来实现。褪黑激素不仅可以通过多种途径来调节细胞和体液免疫，或者直接作用于免疫器官来调节免疫应答反应，同时还作为强抗氧化剂，清除体内的自由基，提高抗应激能力。

单色光研究通常选用白炽灯、荧光灯或白色 LED 灯等作为单色光效应的对照，大部分的研究结果都表明白光对繁殖性能的促进作用优于单色光。这可能主要是由于白光是一种复合光谱，是各种波长光的综合，动物生产性能的发挥依赖生长、免疫和繁殖等各项生理活动的综合发展，复合光谱的不同波长针对不同性状发挥作用，因此也是各种效应的综合。

第四节　光照周期对家禽的影响

一昼夜 24 小时即为一个光照周期。有光照时段称为明期（L），无光照时段称为暗期（D）。非 24 小时的光照周期称为非自然光照周期。自然界的光照节律随着季节交替产生周期性的变化。人工光照采用的节律有连续光照（Continuous Lighting），间歇光照（Intermittent Lighting）、限制光照（Restricted Lighting）和渐变光照（Step-down/Step-up Lighting）。连续进行 24 小时（24L：0D）或 23 小时（23L：1D）的光照称为连续光照节律；一个光照周期中交替出现两个或两个以上的明期或暗期称为间歇光照；将光照时间限定在固定小时的称为限制光照，通常光照时间为 16 小时或者 18 小时；随着日龄增加或减少光照时间增加或者减少的光照称为渐变光照。

光周期是光照条件中研究最多，设置上更为复杂的光照因子，在过去几十年里，不同光照持续时间已经被应用和试验，其中不仅仅包括不同时间的连续光照，还包括间歇光照、变程光照（包括渐增光照、渐减光照、先减后增、先增后减等）、连续光照 + 补光光照［如（16+2）小时］、连续光照 + 间歇光照［如（12+3）D：1L］等等，目前生产上，多采用间歇光照、连续光照、渐增或渐减的光照模式。在许多研究中间歇光照和短光照与连续光照相比都表现出较好的生产特性。长期使用 23 小时或 24 小时的光照会增加鸡的紧张感，从而死亡率上升；而雏鸡阶段持续光照时间过短，会使采食量不足而导致生长缓慢。适宜的光照能加快肉鸡的增重速度，使雏鸡血液循环加强，食欲增加，有助于钙磷代谢，增强免疫力。光照持续时间在很大程度上由鸡的年龄、品种和鸡舍的结构决定，对生长快、脂肪积累能力强的品种，短光照可促进其生长；而生长速度慢且神经类型敏感的品种，长时间的黑暗则可抑制其生长。适合家禽的最佳光照时间和模式仍可以继续探索。

大量研究证实，间歇光照或短光照能够促进肉鸡的生长，提高体增重和饲料转化效率，降低脂肪沉积量，改善肌肉品质。其主要原因可能是减少了鸡的运动，降低了脂肪沉积和维持需要的能量消耗，提高饲料转化率。前人对连续光照和间歇光照对肉鸡生长发育影响的研究，阐明间歇光照组肉鸡生长模式是一个凹形的生长曲线，通过后期出现的补偿性生长来弥补前期的缓慢生长带来的负面效应，从而使肉鸡出栏体重并不小于连续光照，并且提高了饲料转化率和日粮中氮的利用率，降低干物质排泄量。

短光照和间歇光照制度中明暗期的交替出现使肉鸡产生不同程度的应激反应，适应以后可提高抗应激和免疫功能。每天光照12小时，雏鸡在第2次免疫后抗体升高，而24小时光照则对免疫反应有抑制作用。限制光照措施可促进褪黑素的分泌，从而发挥其抗氧化、抗应激及增强免疫力的功能而增强抗病力。但随着光照时间的延长，由于机体内源性褪黑素的分泌水平受到抑制，体内外周血中白细胞数量和淋巴细胞百分率有不同程度的降低，外周血中单核细胞的吞噬能力有不同程度的下降。间歇光照比连续光照能显著降低血浆皮质酮浓度、淋巴细胞比率，还可以提高肉鸡免疫器官指数，进而提高其免疫功能。这表明间歇光照对肉仔鸡的中枢和外周免疫器官的发育有促进作用。短光照比连续光照能提高肉鸡的抗氧化酶活性，提高抗氧化能力，缓解肉鸡的应激反应。

间歇或短光照有利于肉鸡的骨骼特性进而提高其福利水平。减少光照周期能减少代谢疾病的发生，如伴随有氨气浓度过高引起肉仔鸡腹水综合征（PHS），肉鸡猝死症，胫骨软骨发育障碍和其他骨骼生长障碍。此外，间歇性的光照方案能显著提高存活率，减少肉鸡和公鸡跛足、腿畸形率、死亡率和循环系统疾病的发生。

光照时间对鸡、鸭、鹅等家禽的繁殖季节有显著的调节作用，但对繁殖期家禽的生产和繁殖性能的影响不显著。光照对家禽繁殖有一定的负面影响，光递增方式和光照周期对输卵管形态有一定的影响，进而对鸡蛋品质产生影响。家禽育种期光照过短将延迟性成熟，时间过长则提早性成熟、阻止换羽。过早成熟的家禽则开产早，开产时蛋小，产蛋率低，产蛋高峰持续期短。产蛋期间光照时间忽长忽短会造成内分泌机能紊乱，从而产生应激，降低群体产蛋率，增加死亡率。即使恢复原来的光照时间，也很难使家禽产蛋短期内回到原来水平。当光照周期大于 30 小时不仅产蛋量降低，蛋壳质量还会下降。

第五节　家禽对光照强度的反应

单位面积上可见光辐射的能量即光照强度，简称照度，单位为英尺烛光（FC）或勒克斯（1 FC=10.76 勒克斯）。自然界的光照受季节和天气的影响较大。光照强度和光照时长不断发生改变，一天中光照强度的差异可达到上万倍。禽类感光系统发达，分布在视网膜周边的视杆细胞，光敏感度高。家禽的很多生命活动，例如采食和生长都与视网膜的敏感性密切相关，但家禽对光照强度的敏感性较差。一般来讲，过强光照环境更容易引起肉禽的神经产生过度兴奋，使鸡烦躁不安，引起家禽对日粮蛋白质、维生素等营养物质吸收不足，造成严重的啄癖、脱肛和神经质，从而降低肉鸡的饲料转换效率；弱光照度在禽育肥期有利于体内脂肪的沉积，增重较快，但长时间生长在光照强度较暗的光环境中，虽然可以有效控制它们的好斗行为和啄癖现象，但采食量降低，活动性、饮水及代谢强度等都会随之降低，从而影响其生长发育。光照强度突然增强可使蛋壳质量下降，破壳蛋、软壳蛋、双黄蛋和无黄蛋等畸形蛋增加，死亡率升高。生产者运用现代电子系统来控制光照强度，为初雏在早期能增加采食训练，因此也能减少骨骼和代谢异常。

目前养禽生产上使用光照标准大致如下：1~2 周龄的雏禽由于生理发育不全，视力较差，光照强度要求适当强一点，约 20 勒克斯，可以确保小鸡尽快地适应周围环境，也是小鸡最佳的采食饮水的光照方案。在以后的育成阶段采用5勒克斯光照。

应激可以破坏集体的氧化–抗氧化平衡。光照强度过大或过小都会影响家禽的免疫功能和体内抗氧化酶的活性，进而使机体表现出不同程度的应激反应。低光照强度能提高肉鸡免疫器官指数，增强免疫功能，还可以提高抗氧化酶活性，缓解肉鸡的应激反应。光照强度对肉鸡免疫功能和抗应激影响的实质是通过褪黑激素含量发挥作用，低光照强度能够促进褪黑激素的分泌，褪黑激素可以刺激淋巴细胞因子形成淋巴细胞及增加体内抗氧化的形成而增强机体的体液免疫反应。

光照强度的大小会影响肉鸡活动量，进而影响腿部疾病的发生率。高光照强度下肉鸡的活动量增加，降低了腿部疾病的发生率，肉鸡在低频率下光照活动减少。强光照下肉鸡在采食、饮水、走路和站立等行为所用的时间要比弱光照条件下长，鸡群的行为同步性最高。

眼球的健康状况也是评价禽类福利指标之一。眼球发育畸形易引发一系列的眼部疾病，如前后径过长易引起近视眼、横径过长易引发远视眼等。低于5勒克斯的光照可导致视网膜病变、眼球内陷、近视、青光眼和失明，眼球更大、更重。

光照强度对肉鸡的性成熟会产生一定的影响。如果光照和黑暗的对比不够强烈的话，鸡对光照可能不产生应答，进而性成熟被推迟。对于蛋鸡适时地给予较强光照刺激可以促进其性成熟。肉种鸡对光照的刺激不如蛋鸡敏感，一般给予60勒克斯以上光照强度，对产蛋禽一般给予20勒克斯的强度，光线均匀情况下15勒克斯即足以维持鸡最高的产蛋水平。

第六节　不同光源对家禽的作用

光照根据其来源分为自然光照和人工光照两种。自然光照是指利用太阳光作为光源，它受自然因素的影响而变化较大，传统的家禽养殖使用的是自然光照，即直接利用太阳直射光或者透过门、窗等的散射光而生长。自然光的强度可以很强，在晴朗的天气可以高达 10 万勒克斯，太阳光是一种电磁波，光谱也更复杂，范围在 350~700 纳米，分为可见光和不可见光。可见光是指肉眼看到的，如太阳光中的红、橙、黄、绿、蓝、靛、紫绚丽的七色彩虹光；不可见光是指肉眼看不到的，如紫外线、红外线等。自然光源取之容易，用之方便，经济实惠，因此是家禽业发展初期有限选择和利用的光源。

人工光照是指用白炽灯等照明工具作为光源人为地实行光照的方法，它不受自然条件的影响，可充分发挥光照的有利作用。人工光源以灯光为光源，用于补充舍内自然光照的不足，除了促进家禽生长发育和性成熟外，还便于饲养管理人员工作。在完全密闭的禽舍，人工光源也是唯一的光照来源。家禽养殖中常见的标准人工光源有白炽灯（Incandescent Bulbs），紧凑型荧光灯泡（Compact Fluorescent Bulbs），可调暗的紧凑型荧光灯泡（Dimmable CFL），荧光灯管（Tube Fluorescent），高压钠灯（High Pressure Sodium Bulbs），冷阴极灯管（Cold-Cathode Bulbs）和 LED 灯（Light Emitting Diode），其中荧光灯又分为日光型（Daylight Fluorescent）和暖白型（Warm White Fluorescent）；LED 灯根据其光谱组成不同，分为冷白型、暖白型和中性型；根据产品外观分为 LED 灯带和 LED 灯泡。白炽灯是电流通过灯丝发热而发光，因产热多、光效低、耗电量大等缺点逐渐被淘汰。节能灯与白炽灯原理相似，通过加热灯丝，激发电子产生荧光，较白炽灯耗能显著降低，近年在肉鸡养殖中有很好的应用；LED 灯是一种固态半导体器件，可以直接把电转化为光，具有耗电低、寿命长、无毒环保和维护费用低等传统照明光源无法比拟的优势，被认为是取代白炽灯和荧光灯最具潜力的照明光源，目前已经在逐步替代。

不同光源对家禽的影响不同。与白炽灯相比，荧光灯能显著增加肉鸡出栏体重，降低腿部疾病的发生率，减少经济损失。LED 灯对肉禽生长更有优势，对肉鸡增肥效果较好，同时可提高鸡群的均匀性。LED 灯虽使用时间长，但初次购买价位也要较其他灯源高。也有报道显示，人工光源的类型对肉鸡的采食量、生长速度以及死淘率等生长指标没有显著影响。

第二章 孵化期光照对家禽的影响

种蛋的孵化质量直接影响后期禽类的生长和发育。目前在人工孵化过程中，影响孵化率和孵化质量的主要因素有温度、湿度、氧含量、二氧化碳含量及翻蛋频率。在自然孵化过程中，母禽离开种蛋出去觅食，胚胎能够接受光照的刺激。目前，在商业孵化过程中，往往在完全黑暗的条件下进行孵化。自20世纪60年代以来，学者开始关注孵化期进行光照刺激对家禽胚胎发育的影响。研究发现光照在禽类胚胎孵化过程中确实扮演了重要的角色，合理的光照能够促进胚胎的生长发育，提高出雏后的生长性能等。下面分别介绍孵化期间不同光照要素对家禽胚胎发育的影响。

第一节 孵化期不同光源对家禽的影响

目前家禽养殖中用到的光源主要有白炽灯、荧光灯和LED灯。在家禽生产研究过程中，最早采用白炽灯和荧光灯进行光照刺激研究，利用白炽灯和荧光灯对孵化期种蛋进行光照刺激，发现光照刺激可加快家禽的胚胎发育，缩短孵化时间，提高胚胎体重以及雏鸡品质，但是这两种光源存在耗能高、可控性差、寿命短和光源波长不稳定等缺点。2011年11月，国家发改委正式颁布了关于禁止进口和销售白炽灯的公告，我国及世界其他各国正在逐渐淘汰白炽灯的使用。LED灯具有节能、光线分布均匀、寿命长以及光色多样化等优点。近年来，国内外将LED光源引入家禽生产中，LED光源取代传统的白炽灯和荧光灯将成为必然趋势。目前，不少国内外学者利用

LED 灯研究了不同光色、光照强度的光照刺激在家禽养殖生产中的应用，发现 LED 灯可以用来提高家禽的生产性能。在白洛克鸡种蛋孵化期采用白炽灯白光刺激，发现连续白光处理的种蛋比黑暗处理的种蛋提前出雏 14 小时，白光和黑暗处理的种蛋孵化率没有显著变化，并发现在种蛋入孵的前一周进行白光刺激作用最明显，孵化期间每天光照时间 10 小时即可加速胚胎发育进程。但是也有不同的研究结果，如对洛岛红鸡种蛋孵化期采用白炽灯进行白光刺激，可使胚胎发生致畸，胚胎的死亡率增加，胚胎发育发生迟缓、肝脏肿大、耳部扩张和小颌畸形，与此同时，松果体细胞滤泡胞浆内脂滴体积和数目有所增大，表明鸡的松果体腺体对光敏感，与此相反，在火鸡和肉仔鸡的孵化期采用 LED 灯的绿色光源进行间断光照刺激，间断绿光光照刺激可促进胚胎发育，缩短孵化时间，缩短上市日龄，同时提高了胸肌产率和品质。通过在蛋鸡、肉仔鸡和北京鸭的孵化期采用 LED 灯的白色和红色组合光源进行光照刺激对比，LED 灯的白色和红色组合光源能够提高不同禽类种蛋的孵化率和健雏率，可以用来改善商业孵化效率和雏禽质量。

综上所述，3 种光源都曾单独用于家禽孵化期的研究中，目前尚未见针对 3 种光源在家禽孵化上开展系统研究，单独光源的研究中虽然结果有不一致的情况，但是比较普遍的结果是孵化期合适的光照刺激可以促进禽类胚胎的发育进程，缩短孵化时间，提高雏禽质量。

第二节　孵化期不同光照节律对家禽的影响

光照节律也称光周期，指控制光照的时间及其变化的规律。在养鸡生产中，一般来讲，自然界一昼夜为一个光照周期，有光照的时间为明期（以 L 表示），无光照的时间为暗期（以 D 表示）。

在白莱航鸡种蛋孵化期采用持续光照、间歇光照和完全黑暗进行光照处理，持续光照和间歇光照均出现死胚率增高，孵化时间延长的趋势，并出现脚、腿、眼睛和下颚畸形等现象，但是黑暗处理没有出现以上现象。在宽胸白火鸡种蛋孵化期分别采用间歇白光、持续白光和完全黑暗处理后，间歇白光照射和黑暗处理的种蛋的孵化率相对较高，而孵化期每天24小时持续白光刺激的种蛋孵化过程中出现了死胚增多的现象，并且发现持续光照和间歇光照孵化出壳火鸡的运动行为较黑暗处理的火鸡活跃。孵化期不同的光照周期对肉鸡种蛋的胚胎发育和胚后期发育有显著影响。研究中采用3种不同的光照周期进行处理，分别为：12L:12D、24L:0D、0L:24D，发现光照周期中光照时间的比率增加可以加快胚胎发育的进程，且在鸡胚孵化的第12~18天中，随着光照周期中光照时间比率的增加，胚胎肚脐的愈合率也相应增加，同时胚胎重也有增加的趋势。为了进一步确定孵化期不同的光照周期对鸡胚发育的影响，Cobb肉仔鸡孵化期在550勒克斯的光照强度的基础上采用持续光照（24L:0D）、间歇光照（12L:12D）和黑暗（0L:24D）3个不同的光照周期进行处理，发现雏鸡在经过光照的2小时后，持续光照（24L:0D）和间歇光照（12L:12D）仔鸡采食活动的频率比黑暗处理组多，3种不同光周期处理组雏鸡眼睛大小指标没有显著差异，但是发现间歇光照（12L:12D）雏鸡眼睛的重量显著低于其他两组，黑暗组（0L:24D）仔鸡眼睛的不对称性最高，猜测可能是由于发育压力造成的。持续光照（24L:0D）组仔鸡眼睛的不对称性最弱，间歇光照（12L:12D）仔鸡眼睛的不对称性介于两组之间。由此表明，孵化期提供光照刺激对肉鸡生产和健康没有不良影响，相反，在减少肉鸡生产和生长相关压力方面有潜在的优势。肉鸡种蛋孵化期最佳光照周期探索结果表明，L:D=16:8有利于雏鸡适应育雏阶段。不同光照周期对肉鸡产生一定的应激反应。将肉种鸡种蛋分别在0L:24D，1L:23D，6L:18D，12L:12D，的光照周期下进行光刺激，光照强度统一为550勒克斯，孵化出壳的雏鸡统一在12L:12D的光照周期下饲养，比较不同光照周期下出雏3~6周龄的雏鸡应激参数，发现孵化期每天提供12小时的光照刺激即可降低肉鸡雏鸡的应激敏感性。

总之，光照节律的变化主要影响孵化进程、雏鸡的运动行为和应激敏感性等。目前光照节律的研究主要是针对持续光照和间歇光照进行，真正适合家禽孵化过程的光照节律还需要进一步的研究，表 1 概括了孵化期不同禽类在不同光照节律下的孵化效果。

表 1　孵化期不同禽类在不同光照节律下的孵化效果

家禽种类	光源/光色	结果	文献来源
白莱航鸡	白炽灯/白光	持续光照和间断光照下种蛋的孵化率降低，孵化时间延长，脚、腿、眼睛和下颚等出现畸形现象，而黑暗条件下孵化没有出现此现象	Tamimie（1967）
白洛克鸡	白炽灯/白光	连续光照可以促进孵化进程，但是不能提高孵化率	Siegel（1969）
宽胸白火鸡	荧光灯/白光	采用间歇白光（12L:12D）和黑暗（0L:24D）处理的种蛋孵化率比持续（24L:0D）白光高，持续光照出现死胚增多的现象，但是持续光照、间歇光照出雏雏鸡运动行为都较黑暗处理活跃	Cooper（1972）
肉鸡	白炽灯/白光	光照周期中光照时间比率的增加可以加快胚胎发育的进程，随着光照时间的增多，胚胎肚脐的愈合率增加	Walter（1972）
Cobb 肉仔鸡	白光	白光持续光照（24L:0D）和间歇光照（12L:12D）的出雏雏鸡在每天光照的两个小时后采食量增多。黑暗处理的雏鸡眼睛不对称性最高，间断光照和持续光照的眼睛不对称性弱，持续光照的最弱	Archer（2009）
Cobb 肉仔鸡	LED/白色	在孵化期采用0L:24D，1L:23D，6L:18D，12L:12D的光照周期，发现孵化期每天提供12小时的光照刺激可降低肉鸡雏鸡的应激敏感性	Archer（2013）

第三节　孵化期不同的光照强度对家禽的影响

禽类对光刺激比较敏感，光照强度作为重要的光要素之一，对禽类的生长发育有重要的影响，近些年研究人员发现光照强度可以影响孵化期禽类的胚胎发育。

Blatchford 等（2009）在肉鸡孵化期采用不同的光照强度探究其对动物行为的影响。分别采用 5 勒克斯、50 勒克斯、200 勒克斯 3 个光照强度对孵化期种蛋进行光刺激，评价不同的光照强度对出雏雏鸡活动的影响，发现孵化期采用 5 勒克斯光照强度出雏雏鸡的活动性（$P=0.023$）显著低于 50 勒克斯和 200 勒克斯光照强度，而 50 勒克斯和 200 勒克斯光照强度雏鸡的活动性没有显著性差异（$P<0.000\ 1$），该学者推测光照强度的增加对雏鸡的健康影响不大，但是对行为节律有显著性影响。肉鸡种蛋孵化期间采用 200~300 勒克斯光照强度的荧光灯进行光刺激，引起褪黑素出现了昼夜规律性变化，可能有利于出雏后雏鸡适应具有光照周期的养殖模式。采用 15 勒克斯的 LED 单色蓝光和绿光在肉鸡种蛋孵化期间进行光照刺激，结果发现孵化期间单色绿光刺激后，通过促进生长激素分泌关键因子，提高了骨骼卫星细胞的有丝分裂和分化增殖，显著提高了生长期体重和胸肌产量。俞玥（2016）在肉鸡孵化期采用不同强度的单色绿光刺激分别研究其对肉鸡胚、蛋鸡胚胎及育雏期间生长及抗压能力的影响，试验统一采用 LED 单色绿光（波长 525 纳米）的光源，光照强度分别为：22~75 勒克斯低光照强度、92~208 勒克斯中等光照强度、150~392 勒克斯高光照强度。发现在肉鸡种蛋孵化过程中，光照刺激可促进胚胎及内脏器官等指标的发育，缩短孵化时间约 12 小时左右，提高种蛋孵化率和孵化质量，其中，以低光照强度（22~75 勒克斯）效果最佳，过大的光照强度（92~208 勒克斯；150~392 勒克斯）会导致效果降低或产生一些副作用；在蛋鸡种蛋孵化期间，采用高光照强度（150~392 勒克斯）提高了种蛋的孵化率（3%）和整体的孵化性能，促进胚胎及出雏后雏鸡的内脏器官的生长发育，并可以显著地提高雏鸡在生长

中的抗应激能力。

　　综合研究结果可以发现，适量的光照强度可以加快孵化进程，提高雏鸡的活动能力，产生具有昼夜规律的褪黑素水平，有利于适应出雏后的养殖模式等。可以进一步研究探索最适合家禽孵化期的光照强度以及孵化期不同光照强度对孵化期鸡胚发育影响的机理。

第四节　孵化期光波长的差异对家禽的影响

　　家禽视觉的光谱范围比人类和其他哺乳动物广（图1），具有三色视觉，能够辨别不同颜色的光，能分辨380~760纳米波长范围内的可见光，而且其下丘脑内还有视网膜外光受体，对不同波长的光刺激反应存在差异。禽类对光特殊的敏感性为不同光色应用于家禽生产提供了生理学基础。

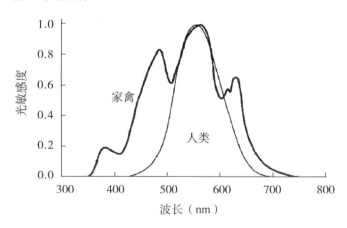

图1　家禽（粗线）和人类（细线）视觉的光谱范围

　　有报道认为，不同波长的光通过视神经到达下丘脑或者通过颅骨及颅内组织到达下丘脑的效率不同，波长较长的光（>650纳米）到达下丘脑的穿透效率高于短波长光（400~500纳米）且其穿透效率因家禽种类的不同存在差异。下丘脑对不同波长光的敏感性可能有所不同，肉鸡下丘脑光受体对蓝、绿光刺激的敏感度高于红光。

研究表明，孵化期单色绿光刺激相对于黑暗条件，可加速胚胎发育，缩短孵化时间（Wang et al.，2020）。在孵化期绿光和蓝光刺激均可显著提高白莱航鸡的胚胎重，在孵化期绿光刺激后，能够促进胚胎后期及出壳雏鸡骨骼肌生产和肌肉的发育，并能够有效刺激骨骼肌卫星细胞的增殖活性，其作用机制主要是通过改变 IGF-1 的分泌水平及骨骼肌的 IGF-1R 表达，进而改变与骨骼肌生长发育相关因子 Pax7、HGF 和 MSTN 的表达和骨骼肌的抗氧化水平。当对种蛋孵化期分别采用单色蓝光、绿光和黑暗刺激时，发现与黑暗组和蓝光组相比，绿光刺激可显著提高肉仔鸡体重和采食量，提高饲料转化率，对肉仔鸡胸肌重和胸肌率也有促进作用，其作用机理是绿光通过提高生长激素和 IGF-1 水平，对卫星细胞增殖和分化起到促进作用。

孵化期单色绿光光照刺激对出雏后火鸡产生影响，孵化期的火鸡种蛋分别采用间断的绿光刺激（3 分钟开 3 分钟关）和黑暗处理，在孵化出壳后，分别于 0 日龄、2 日龄、6 日龄、13 日龄、20 日龄、28 日龄、35 日龄、59 日龄称量两组火鸡的胸肌重，发现在 28~59 日龄单色绿光刺激的雌性火鸡的胸肌重高于黑暗对照组。为了验证这一现象到底是由光照引起的还是由单色绿光引起，学者重新设计了试验方案，将孵化期的火鸡种蛋分别采用单色绿色间断光照、白色间断光照、黑暗处理。孵化出雏后分别称量三组火鸡第 0 日龄、7 日龄、14 日龄、28 日龄、42 日龄、56 日龄、79 日龄的胸肌重，发现三组雄性火鸡的胸肌重无明显差异，但是发现在 28~59 日龄期间发现，单色绿光刺激的雌性火鸡的胸肌重高于其他两组。证明了绿色光刺激可以用来增加出雏后雌性火鸡的胸肌重。

Zhang 等（2012）研究了肉鸡孵化期间单色光刺激对雄性肉仔鸡生长、胸肌化学成分及肉品质的影响。孵化期的肉鸡种蛋采用单色绿光持续光照、单色蓝光持续光照和黑暗处理，光照强度均为 15 勒克斯。发现 3 个处理组间种蛋的孵化率、肉仔鸡的初生重以及采食量没有显著差异，但是雏鸡在 21 日龄、35 日龄、42 日龄体重和采食量单色绿光组显著高于黑暗和单色蓝光光照组。42 日龄时肉鸡的胸肌重和胸肌率单色绿光组明显高于蓝光组和黑暗组，0~35 日龄和 0~42 日龄饲料转化率绿光组显著优于黑暗组。肉鸡 42 日龄胸肌水分、粗蛋白、粗脂肪、粗灰分含量 3 个处理组之间差异不显著。证明孵化期单色绿光光照刺激可提高雄性肉仔鸡生长期体重和胸肌产量，提高饲料转化率，但是不影响胸肌的化学成分和肉品质。

余燕（2014）为了探究孵化期种蛋在不同波长光照射下对鸡胚孵化后期小肠的发育情况，在鸡胚孵化期采用白光、蓝光、绿光、红光和黑暗进行光刺激后，发现不同波长的光照对鸡胚孵化后期小肠和法氏囊的发育和功能有一定的影响，并且发现单色绿光刺激能显著提高小肠和法氏囊的发育，对鸡胚小肠黏膜形态和功能的促进作用最好，而红光具有一定的抑制作用，深入对该机制进行研究发现，光照能够影响褪黑素受体的表达，进而调节了鸡胚肠道和法氏囊细胞因子水平和抗氧化功能，最终影响了孵化后期鸡胚小肠和法氏囊的发育。

采用不同波长的光对鸡胚肝脏 IGF-1 分泌的影响及其机制的研究发现，鸡胚孵化期给予单色绿光刺激显著地提高了鸡胚肝脏的发育和 IGF-1 的分泌，这主要是因为单色绿光能够促进鸡胚褪黑素的分泌和肝细胞表达褪黑素受体，褪黑素能够选择性地通过褪黑色素 IC 受体途径抑制肝细胞 JAK2/STAT3 信号的磷酸化，提高抗氧化酶（GSH-Px、T-SOD）表达和肝细胞抗氧化能力，促进抗凋亡蛋白（Bcl-2）表达和肝细胞的增值，影响鸡胚肝细胞发育与 IGF-1 的分泌。

在白莱航鸡、商业肉鸡和北京鸭种蛋孵化期，采用白色和红色的组合光源对胚胎进行光照刺激，发现经过孵化期 12L:12D 光照周期混合光的刺激后，白莱航鸡、商业肉鸡和北京鸭种蛋均出现孵化率提高和肚脐未愈合的雏鸡数量减少等现象，表明白光和红光的混合光源可以用来提高商业孵化效率和雏鸡质量。

总之，在家禽孵化过程中选择适宜波长的光可以促进雏鸡骨骼肌的生长、肌肉、肝脏和孵化后期鸡胚小肠和法氏囊的发育等。目前的研究结果普遍表明，孵化期单色绿光刺激可以提高雏鸡的生产性能，但是其相关机理的研究还不明确。表 2 概括了孵化期不同禽类在不同波长光刺激下的孵化效果。

表 2　孵化期不同禽类在不同波长光刺激下的孵化效果

家禽种类	光源/光色	结果	文献来源
白莱航鸡	白炽灯/白、红、黄、蓝	白光光照对孵化有促进作用	Shutze et al.（1962）
洛岛红鸡	白炽灯/白光	孵化期白光光刺激后胚胎死亡率增加，胚胎发育迟缓，肝脏肿大，耳部扩张，小颌畸形，松果体细胞滤泡胞浆内脂滴体积和数目增大	Aige-Gil et al.（1992）
火鸡	白光、绿光（LED 光源）	火鸡孵化期单色绿光刺激提高 28 日龄火鸡的胸肌产量	Rozenboim et al.（2003）
肉鸡	LED 灯/绿光、蓝光	孵化期绿光刺激提高了出雏体重、采食量、饲料转化率和胸肌产量	Zhang et al.（2012）
白莱航鸡、肉鸡、北京鸭	LED 灯/白光、红光	孵化期利用组合光源光刺激，提高了多个物种的雏禽质量	Archer et al.（2017）
白莱航鸡、洛岛红鸡、哥伦比亚洛克鸡、横斑洛克鸡	LED 灯/绿光、光、黑暗	孵化期绿光刺激缩短孵化期	Wang et al.（2020）

第五节　孵化不同时期对光的需求

在禽类种蛋孵化的不同阶段对光的需求可能不一样，但目前对不同孵化阶段光照需求的相关研究较少。在种蛋孵化的不同时期采用单色绿光刺激，光照强度为 150~392 勒克斯时，可显著提高种蛋孵化率约 6%，同时促进雏鸡的骨骼发育。种蛋孵化期白光刺激不同孵化阶段对胚胎发育，种蛋分为 4 组，光照刺激孵化期的前 19 天、前 17 天、前 15 天以及黑暗对照组，研究发现，光照刺激前 19 天和前

17 天的两组种蛋的孵化时间比光照前 15 天和黑暗组缩短，并且光照刺激前 15 天和黑暗对照组的种蛋孵化率相对较低，说明光照刺激可以促进孵化，该现象与小鸡视觉系统的发育时间相一致。Scheideler（1990）在孵化过程中采用 16L：8D 的光照周期的光照刺激试验，采用的是白色光源的白炽灯，同时设置了孵化期 0~21 天全程光照和只在 10~21 天孵化后期进行光照，观察雏鸡在节律性和应激方面的反应，发现 0~21 天全程光照的雏鸡适应新环境的能力强于只在 10~21 天光照的雏鸡，表明孵化早期的光照对雏鸡是有益的。

第六节　不同禽类孵化期对光要素的反应

孵化期光照刺激在家禽方面的研究主要集中在鸡上，根据在鸡孵化期进行光照刺激的研究，认为孵化期进行适宜的光照刺激可以加速鸡胚的发育进程，缩短孵化时间，减少肚脐未愈合数量，降低雏鸡应激反应，提高雏鸡质量。其他禽类上的研究相对较少。

孵化期给予单色绿光光照刺激可以增加出雏后雌性火鸡的胸肌重。在对美洲鹑孵化期采用不同的光照时间进行刺激后发现，孵化期间光照刺激时间短的美洲鹑运动协调能力低于光照刺激时间长的美洲鹑，揭示了光照刺激时间的长短可能和出壳后动物的运动协调有关。分别在白莱航鸡、商业肉鸡和北京鸭孵化期间进行光照刺激，发现光照刺激能提高禽类的孵化率，提高雏禽质量。表 3 概括了孵化期不同禽类在不同光色及不同光照时长光刺激的孵化效果。

表 3　孵化期不同禽类在不同光色及不同光照时长光刺激时的孵化效果

家禽种类	光源/光色	光照强度（勒克斯）	光照周期	结论	文献来源
火鸡	白炽灯/白光	107~193	12L：12D	光照刺激缩短了火鸡的孵化时间	Fairchild et al.（2000）

（续表）

家禽种类	光源/光色	光照强度（勒克斯）	光照周期	结论	文献来源
鹌鹑	荧光灯/白光	620~835	24L:0D	光照刺激后提高了5.63%的孵化率	Hassan et al.（2014）
肉鸡	LED灯/蓝光、绿光	15	24L:0D	绿光刺激可显著提高肉鸡体重和胸肌产量	Zhang et al.（2012）
火鸡	LED灯绿光；白炽灯/白光	63~70	24L:0D	火鸡孵化期单色绿光刺激可以提高出雏28天后火鸡的胸肌产量	Rozenboim et al.（2003）

第三章 光照对家禽生长性能的影响

与哺乳动物相比，家禽生长迅速，除鸡、鸭和鹌鹑分化出蛋用和肉用两种类型外，其余的家禽主要为肉用动物，禽蛋和禽肉同为人类理想的动物蛋白食品来源。肉用禽的生长以获得健康无病、体重达标、肤色和毛色等外观符合市场需求为目标。除了遗传选择和营养对家禽生长发育产生较大影响外，环境因素的作用也至关重要。本章重点讨论光源、光照周期、光照强度以及光照波长4个光要素对家禽生长生理的调控作用。

第一节 光源对家禽生长发育的影响

光源包括可见光和不可见光，其中的紫外线可以使半开放禽舍保持干燥和温暖，起到杀菌和消毒的作用，促进动物新陈代谢，增进食欲，使红细胞和血红素的含量增加，还可以使皮肤里的7-脱氢胆固醇转变为维生素 D_3，促进禽类体内的钙和磷的代谢和骨骼生长。目前的半开放禽舍，尤其是鸭舍和鹅舍，自然光源仍然是主要光源。但自然光源不均匀，而且受季节、天气、时间、禽舍位置和朝向的影响较大，可控性差，不能完全满足现代化集约化生产的需要。

各种人工光源对家禽生长的影响在新的照明设备投入行业使用之前，都是研究的热点，研究人员希望通过试验来验证新的替代光源的效果，尤其是排除其潜在的负面影响。19世纪末，荧光灯曾作为新型节能光源在家禽养殖中逐步应用。研究一方面从家禽对光源的偏好性角度展开，另一方面则主要直接对比不同光源的效果。家禽对各种人工光源也存在一定偏好性，与白炽灯相比，母鸡更倾向于生活在节能灯的光照环境中。白炽灯饲养的肉鸡在 21 日龄的体重有高于绿色荧光灯的趋势，但是该趋势在 42 日龄又消失。饲养于暖白型荧光灯的肉鸡体重高于白炽灯，料重比无显著差异，但是日光型荧光灯会显著降低体重，提高料重比。对比白炽灯，荧光灯管和荧光灯泡对肉鸡生长的影响，发现饲养于荧光灯泡的肉鸡 7 周龄末体重显著高于荧光灯管和白炽灯。火鸡一般在 18~20 周龄上市，Denbow 等（1990）将 8 周龄母火鸡饲养于白炽灯、钠汽灯、日光型荧光灯和暖白型荧光灯直至 16 周龄，结果发现各组体重和死亡率都没有显著差异。

作为家禽业过去最主流的白炽灯，由于其光效低的缺点，世界多国已陆续禁止其使用。LED 灯是目前最具潜力的新型节能清洁光源，在家禽养殖中广泛推广前，也有较多的研究对比 LED 灯和白炽灯对家禽生长性能的影响。Olanrewaju 等（2015，2016）对比白炽灯、紧凑型荧光灯、中性 LED 灯和冷白型 LED 灯对 Ross 708 肉鸡生长的影响，发现冷白型 LED 灯饲养下肉鸡的体重显著高于白炽灯。Archer（2015）在 Cobb 肉鸡上也得到了类似的结果，而且 LED 饲养下肉鸡的应激减少，这可能是在相同采食量的条件下，增重较多，料重比较低的原因。对于多层笼养设备，上下层养殖空间光照的不均匀性可能导致鸡的生长发育不均匀。LED 灯带可提高底层鸡笼鸡的体重和均匀度。

总之，不同人工光源对家禽生长发育的影响较小，研究之间结论也存在一定差异。荧光灯和 LED 灯在作为替代光源的可行性研究中，整体上对家禽生长有正面影响，可以在生产中推广应用。不同光源的影响主要源于光源发散的波长存在差异。关于波长对家禽生长发育的影响将在本章第四节详述。此外，对于灯泡、灯管等不同的光源形式，可能会引起光源均匀度存在差异，也可能会导致家禽生长发育存在差异。

第二节 光照节律对家禽生长发育的影响

一、肉禽中常用的光照节律

肉禽常用的光照节律有连续光照（Continuous Lighting），间歇光照（Intermittent Lighting）、限制光照（Restricted Lighting）和渐变光照（Step-down/Step-up lighting）。连续进行 24 小时（24L:0D）或 23 小时（23L:1D）的光照称为连续光照节律。一个光照周期中交替出现两个或两个以上的明期或暗期称为间歇光照。将光照时间限定在固定小时的称为限制光照，通常光照时间为 16 小时或者 18 小时。随着日龄增加或减少光照时间增加或者减少的光照称为渐变光照。

在制定光照节律时，应根据其视觉发育、生理特点、生产性能及用途而定，不同的生长发育阶段，实施不同的光照节律。目前快大型白羽肉鸡的饲养周期一般为 5~6 周。出壳后 1~3 日龄由于雏鸡视力较弱，对外界环境的适应能力较差，为了尽快让雏鸡饮水开食，适应周围环境，一般在育雏期的第 1 周的前 3 天进行 24 小时连续光照。由于生理原因，刚出壳的雏鸡调节能力很不健全，必须人工提供适宜的环境温度以利其生长。过去常用保温伞和大功率灯泡来提高环境温度，这也间接为雏鸡的生长环境提供了光照。第 1 周的后 4 天，每天关灯 1 个小时，主要为了让雏鸡适应鸡场可能出现突然断电的情况，避免产生应激。雏鸡的这种需求已在养殖业中达成共识，因此关于肉禽中光照节律的研究都集中于 2~6 周。

二、光照节律对家禽生长的影响

（一）连续光照

国内外有关光照节律对快大型白羽肉鸡生长性能影响的研究较多。目前主要的白羽肉鸡品种有 Cobb 500、Ross 308 和 AA。不同品种生长速度略有不同。快大型白羽肉鸡生长快，饲料在其消化道内的停留时间大概在 2.2 小时。因此，其采食行为较为频繁。起初，饲养人员认为家禽只在有照明的时候进行采食。对于处于生长期的肉鸡来讲，用于活动的能量消耗大，占其总采食代谢能的 7%~15%。在采食量一定的前提下，肉鸡活动量越大，用于生长的能量分配越少，又会一定程度降低增重，提高料重比，因此多采用连续光照。但也有研究指出，光照条件下 Ross 肉鸡的能量消耗大于黑暗条件。因此连续光照节律的强度通常控制在较低水平，使得肉鸡在能够采食的前提下尽量减少强光带来的活动刺激。

家禽倾向于在明期采食和饮水，但是当明期过短时，其采食行为也会发生相应的调整和变化。Lewis（2008）发现 8L:16D 组的个体的所有采食量中有一半是在暗期完成的，16L:8D 组暗期的采食量（Nocturnal Feeding）约 10%。Schweann-lardner 等（2011）研究发现14L:1D 组个别个体有在夜间采食的现象，23L:1D 组个体的采食量与 17L:7D 无显著差异。因此，暗期过长会影响肉鸡的采食和生长，但每天 16 小时左右的明期可能足以满足肉鸡的采食需要。

近年来，连续光照节律对快大型白羽肉鸡的健康、福利等的负面影响受到重视，增重效果也不再明显。一方面连续光照的确有损害动物福利从而间接影响家禽生产性能的负面作用，但是另一方面的原因可能是白羽肉鸡生长性能发生变化。白羽肉鸡产业自 20 世纪 50 年代兴起以来就惯用连续光照，但是将近 70 多年的生长性能的选择和配合饲料的优化发展导致快大型白羽肉鸡生长速度越来越快，其心脏负荷、骨骼负荷已经超标，本身已处于亚健康状态，通过长时间光照再希望进一步促进其生长，无异雪上加霜。黄羽肉鸡多是地方品种，或地方品种与快大型品种的杂交配套。由于选育历史短，黄羽肉鸡在生长速度、营养需要和生活习性等方面与白羽肉鸡均存在较大差异。朱静等（2011）比较 23L:1D 和自然光照对北京油鸡生长性能的影响得出，饲养于 23L:1D 的北京油鸡的生长激素和雄激素水平显著升高，胸肌重和腹脂重显著高于自然光照组。23L:1D 对北京油鸡肉品质无显著影响，即并未出现如白羽肉鸡上的较多负面效应。因此黄羽肉鸡和快大型白羽肉鸡遗传基础的差异可能会导致其对光照的差异化反应。间歇光照（3L:1D）、渐增光照、短时光照（16L:8D）、渐减光照和连续光照（24L：0D）光照节律下饲养的北京鸭整个生长阶段的采食量、平均体增重、料重比和胴体组成均无显著差异，可能是北京鸭对光照环境的敏感性较低。光照节律对樱桃谷鸭的生长有显著影响，其中间歇光照可以增加日增重，降低腹脂率。因此，不同品种采用不同的光照节律对促进其生长具有一定的意义。随着品种性能的不断提高变化，光照节律的研究也相应扩展，目前的光照节律研究均以连续光照作为对照，研究其他替代型光照节律的效果。

（二）间歇光照

一般肉禽饲养中会考虑采用间歇光照，也就是在一个光照周期中交替出现两个或两个以上的明期或暗期，根据明期和暗期长短的不同，又会出现多种间歇光照节律。研究中常见的主要有1L：2D、0.5L：1D、2L：4D、1L：3D、2L：6D和3L：1D。

鸡对光照制度有个适应的过程，一般会在熄灯前增加采食量以填满嗉囊，便于休息睡眠时维持饱腹感。如果明暗周期短时，其采食频率大。相同的光照时长，但是明暗期的不同排列分配也对肉鸡的采食产生影响。Duve等（2011）发现8L：16D组肉鸡肠道内容物要显著高于2L：4D，将8小时光照分两次给予肉鸡，说明在适应一定的光照节律后，肉鸡会根据明暗周期特点决定采食量。肉鸡在间歇光照节律的明期采食量约占总采食量的80%，尤其在明期开始后，肉鸡表现出急奔料槽，竞争性采食的行为，相反，饲养于连续光照节律下肉鸡对于采食的兴奋性较小，这可能主要是因为经过暗期后，肉鸡上半段消化道腾空，可以在恢复明期后即刻重新采食。Hassanzadeh等（2000）、Onbasilar等（2007）和Rahimi等（2005）研究均表明1L：3D组肉鸡的最终体重与23L：1D组无显著差异。Ohtani等（2000）发现在第二周开始实行1L：2D间歇光照节律后，导致光照节律的变化较大，肉鸡出现生长减缓，但是在随后的3~6周随着对光照节律的适应后，总采食量增加，又出现代偿性快速生长补偿，最终体重高于连续光照节律。Buyse等（1996）的研究发现，与23L：1D相比，1L：3D饲养的肉鸡料重比降低，日粮中氮的利用率提高，干物质排泄量降低，但是只有公鸡中出现了生长后期的代偿性增重，在

41 日龄体重与 23L:1D 相当，但是母鸡最终体重仍低于 23L:1D。此外，间歇光照改变了肉鸡的增重速度，推迟了肉鸡的脂肪沉积，早期主要以蛋白沉积为主。Apeldoorn 等（1999）发现 1L:3D 环境下的 Ross 肉鸡对日粮的代谢能力提高，活动量降低，料重比也降低。1L:3D 间歇光照饲养的 Ross 肉鸡的生长曲线比连续光照的凹，可以减缓早期增重，因此这种光照节律适用于早期生长速度较快的肉鸡品种，早期死亡率较少。

虽然从整个光照周期来看，间歇光照节律提供了一定时长的暗期，但是暗期并不是连续的，而是间隔着短时的明期，频繁的明暗周期交替使得肉鸡睡眠 – 觉醒节律被打乱，对动物福利造成潜在危害，是目前间歇光照节律难以推广应用的主要原因。

（三）限制光照

这里的限制光照是相对于连续 23 小时或者 24 小时的长光照而言。限制光照增加了一个光照周期内暗期的时长，且暗期是连续的。研究中常见的限制光照有 12L:12D、14L:10D、16L:8D、17L:7D 和 20L:4D 等。限制光照是减少腿病和代谢病，降低整体死亡率低的一种有效且简单的环境管理手段。但是限制光照对生长影响的研究尚无一致结论。

Ingram 等（2000）发现 12L:12D 组个体 6 周龄体重显著低于 23L:1D。Schweann-lardner 等（2011）研究 14L:10D、17L:7D、20L:4D 和 23L:1D 下肉鸡生长规律，发现 32 日龄和 39 日龄肉鸡体重与明期时长的关系显著符合二次方程，且 17L:7D 和 20L:4D 组肉鸡的体重显著高于 14L:10D 和 23L:1D；20L:4D 组个体采食量最大，17L:7D 组个体的采食量与 23L:1D 无显著差异。因此，一定范围内明期缩短会降低采食量，但是 23 小时的照明对采食量亦无显著增加。相同 4 个光照节律在火鸡上的研究表明，21 日龄和 42 日龄的采食量和体重随着有光期时间延长而增加，但是在 126 日龄的采食量和体重随着有光期时间延长而减少。8L:16D、12L:12D 和 16L:8D 3 种限制光照节律对北京油鸡生长的影响有所不同，16L:8D 光照下采食时间长，尤其是 5~7 周龄时 16L:8D 组的采食量和增重显著高于 12L:12D 和 8L:16D 组，料重比也显著升高，因此，增加光照时间可以提高黄羽肉鸡的采食量，但黄羽肉鸡与白羽肉鸡相比，其体重轻，相对敏感，在有光期的活动量更大，可能活动量的增加导致其用于生长的能量相对减少。用 12L:12D、6L:6D、3L:3D 和 2L:2D 间歇光照对石歧杂公鸡的影响研究发现，2L:2D 间歇光照能促进 6~12 周龄能量和蛋白质沉积，提高其利用率。在 16L:8D 和 16L:7D:1L 的光照节律下，817 肉杂鸡的生产和胴体性能最佳（薛夫光等，2015）。在 20L:4D 光照节律下 33~48 日龄高邮鸭的增重和 GH 水平显著低于 6L:18D，而绍兴鸭的增重变化与高邮鸭相反，但是生长激素变化与高邮鸭一致。绍兴鸭嗉囊小，在短光照条件下，采食量减少，且绍兴鸭神经类型极为敏感，长时间的黑暗对其产生的应激又进一步降低了其增重。

欧洲的肉鸡养殖中要采取 24 小时光周期，每天不低于 6 小时的暗期，其中至少有 4 小时的连续暗期。因此，限制光照成为最佳的光照节律选择。在该规定限定的基础上，研究人员将传统的限制光照与间歇关照的优点相结合，在限制光照的暗期给予短时照明，为肉鸡提供"加餐"时间，促进采食和增长。Renden 等（1996）发现在 16L:8D 节律的暗期，加两次 1 小时的明期可以在不影响生长发育速度的前提下，通过防止肉鸡在暗期长期趴卧造成的胸肌水泡（Breast Blisters）和腿病。Sun 等（2017）发现在 16L:8D 的基础上，在夜间补光 2 小时，即将节律变换为 16L:2D:2L:4D，该节律下 Cobb 500 肉鸡的采食量与 23L:1D 的相当，且显著高于 16L:8D 组，料重比显著低于 23L:1D。石雷等（2017）也报道 16L:2D:2L:4D 光照节律可以提高 AA 肉鸡的胴体质量。与肉鸡相比，鹅的生长缓慢，研究人员希望通过调整光照节律增加其采食量来促进生长。对照组采用 12L:12D 的光照节律，试验组在 12L:12D 的黑暗时间段，每隔 2 小时增加 15 分钟光照，但是两组鹅的采食量并未出现显著差异。

综上研究结果得出，光照节律对肉鸡的影响因品种的不同而存在差异，但普遍认为采用间歇光照和短光照周期更有利于肉鸡生长、代谢和健康水平的提高。

（四）渐变光照

与上述 3 种光照节律不同，渐变光照节律是指随着周龄的变化，光照时长也随之调整。其变换模式主要是光照时长开始变化的周龄和变化的速率。Lewis 等（2007）在 21 日龄将 8L∶16D 的光照节律转化为 16L∶8D 的光照节律，研究发现体重大于 16L∶8D 组。Lewis 等（2008）研究了在 10 日龄，15 日龄和 20 日龄分别将 8L∶16D 的光照节律转化为 16L∶8D，饲养至 35 日龄，结果并未发现各组采食量、体重和料重比存在差异。Newcombe 等（1992）从 14 日龄将 6L∶18D 的光照节律以每周增加 4 小时明期的速度直至 35 日龄的 18L∶6D，结果发现与连续光照相比，在 21 日龄体重较轻，但是 42 日龄体重和料重比无显著差异，49 日龄时腹脂重增加了 10%。从上述研究可以看出，无论在哪个时期将 8L∶16D 的光照节律转化为 16L∶8D 的光照节律，与连续光照相比，体重和料重比均没有显著提高，同样的结果出现在 23L∶1D 到 23L∶1D 先减后增的渐变光照中。Renden 等（1996）对比先减后增的渐变光照与连续光照的效果发现，在光照时长先减少后，肉鸡体重低于连续光照组，但是在 7 周龄末，各组间体重无显著差异。Charles 等（1992）对 Hubbard 肉鸡、Lien 等（2009）对 Ross 和 Cobb 肉鸡的研究也得出类似的结果。但 Sun 等（2017）发现从第二周龄开始先每周减少明期 1 小时至第 7 周的 16L∶8D，从第 8 周开始每周增加 1 小时明期至 23L∶1D 的先增后减的光照节律组肉鸡的腹脂沉积显著低于连续光照组。因此，渐变光照主要是通过减少肉鸡早期的光照时长来进行限制采食，减少前期的增重速度；后期通过增加光照时长刺激采食，实现代偿性增长。渐变光照对北京油鸡采食量等生产性能无显著影响，但有助于维持肉色鲜红，提高肉质性状（唐诗等，2013）。

三、光照节律对家禽生长的影响机制

光照除了通过提供照明环境影响禽类的采食行为而影响其生长发育外，还可能通过以下途径影响其生长。

（一）光照对下丘脑－垂体－生长激素轴的调控

禽类的生长发育受到下丘脑－垂体－生长激素轴（HPGH 轴）的调控。HPGH 轴包括生长激素释放激素（Growth Hormone Releasing Hormone，GHRH）、生长激素（Growth Hormone，GH）和胰岛素样生长因子（Insulin-like Growth Factor，IGF）。生长激素由垂体分泌，主要受下丘脑分泌的 GHRH 和生长激素抑制激素（Somato Statin，SS）的调节。生长激素促进各种组织蛋白质的合成和骨骼发育。生长激素具有脉冲式分泌的特点，即分泌量发生突变，然后又迅速恢复正常分泌水平。生长激素分泌昼夜波动比较大，夜间分泌频率比白天高。在人类上的数据表明，在深睡后 1 小时左右，生长激素分泌最旺盛。剥夺睡眠－觉醒周期可抑制生长激素释放。此外，运动可以刺激生长激素的分泌高峰出现。生长激素还可以调节周围靶组织 IGF 的分泌，继而影响家禽生长。

禽类下丘脑的光感受器可以将光信号转化为电信号，因此 HPGH 轴的分泌和调控机能很有可能受光照的调节。但在家禽上相关研究非常缺乏，仅有少数研究检测不同光照处理组个体生长激素含量的差异。例如，在 20L：4D 光照节律下 33~48 日龄高邮鸭的增重和 GH 水平显著低于 6L：18D，而绍兴鸭的增重变化与高邮鸭相反，但是生长激素变化与高邮鸭一致。华登科等（2014）发现光照强度对生长速度较慢的黄羽肉鸡的生长激素的分泌量也有一定影响，在第 4 周龄和第 8 周龄时，5 勒克斯和 10 勒克斯组生长激素水平显著高于 1 勒克斯和 50 勒克斯组，但是该差异在 12 周龄消失。1 勒克斯光照强度可能由于明暗期的光照强度差异过小，导致鸡只难以识别和建立昼夜节律，进而抑制了生长激素的分泌。此外，上文已经提到生长激素具有脉冲式分泌特点，其血样采集的时间将对结果产生较大的影响，理想的测定时间是熄灯后的一个固定时间，但是上述研究中均未提及样本采集时间，还需要更多的研究来进一步阐明光照通过调节 HPGH 轴来调节生长的具体机制。

（二）光照对下丘脑－垂体－甲状腺轴的调控

垂体分泌促甲状腺激素（Thyroid Stimulating Hormone，TSH），

一方面受下丘脑分泌的促甲状腺激素释放激素（TRH）的促进性影响，另一方面又受到甲状腺激素反馈性的抑制性影响，二者互相拮抗，它们组成下丘脑－垂体－甲状腺轴（HHTA）。促甲状腺激素主要负责调节甲状腺细胞的增殖、甲状腺血液供应以及甲状腺激素的合成和分泌，在维持正常甲状腺功能中起最重要的调节作用。四碘甲状腺原氨酸（Triiodothyronine，T4）和三碘甲状腺原氨酸（Thyroxine，T3）是甲状腺分泌的主要活性物质，可作用于线粒体促进细胞氧化作用，促进糖和脂肪的氧化；促进体内蛋白质和酶的生成，维持总氮平衡，体温调节，能量的产生和调节有着极为重要的作用。其中 T3 的生理效力是 T4 的数倍。与 HPGH 轴类似，HHTA 轴的分泌和调控机能很有可能通过下丘脑而间接受到光照的调节。相关研究也初步证明了这一点。随着肉鸡日龄的增大，鸡的 T4 浓度升高，T3 浓度下降。与自然光照组相比，间歇光照（1L：3D）组的星不罗肉鸡的甲状腺滤泡上皮细胞及滤泡腔内胶质均呈现功能活动旺盛的构相，有利于甲状腺激素的转运和释放。由此可见，甲状腺在光照影响肉鸡生长发育的机制中可能起到重要作用。Hassanzadeh 等（2005）的研究表明，与连续光照相比，1L：3D 的光照节律可以减少 T3 分泌。杨琳等（2000）研究表明，间歇光照组石歧杂公鸡的血浆 T3 含量低于连续光照组，T4 含量高于连续光照组。Newcombe 等（1992）的研究也表明渐增光照节律组个体的 T3 含量低于连续光照组。

（三）光照对下丘脑－垂体－性腺轴的调控

下丘脑－垂体－性腺轴由下丘脑分泌促性腺激素释放激素（GnRH），垂体分泌促性腺激素（FSH 和 LH）和性腺组成，对家禽性成熟和繁殖机能具有重要的调控作用。肉用家禽饲养周期短，通常在性成熟前上市，尤其是快大型白羽肉鸡。下丘脑－垂体－性腺轴对家禽生长也具有一定的影响。Charles 等（1992）先减后增的渐变光照节律组的 Hubbard 肉鸡睾丸较大，血清睾酮含量也显著高于连续光照组。雄性家禽比雌性家禽生长速度快，雄性激素睾酮的作用不可忽视。睾酮水平与肉鸡的生长呈正相关。此外，不同于白羽肉鸡的胴体分割售卖形式，黄羽肉鸡多以整鸡出售，上市日龄在 90~120 日龄。一般认为，黄羽肉鸡性成熟肌内脂肪等产生风味的物质沉积较多。我国消费者在选购黄羽肉鸡时，尤其是之前的活禽交易中，鸡冠大小色泽、毛色光亮等能代表性成熟程度的外观特性也成为选购的标准之一。韦凤英等（2004）发现在自然光照的基础上每天增加 4 小时的光照能促进鸡冠发育和羽毛外观光亮。Sun 等（2017）发现先减后增的渐变光照节律能促进黄羽肉鸡的鸡冠发育。

（四）光照对松果体分泌褪黑激素的调控

松果体被称为"第三只眼"。褪黑激素是由脑松果体分泌的一类吲哚类神经内分泌激素，松果体分泌褪黑激素具有昼夜节律，由下丘脑视交叉上核（SCN）控制，与明暗周期的变化合拍。但是松果体通过改变褪黑激素的分泌将光的信息传递给体内有关的组织和器官，使他们的功能活动适应外界的变化。褪黑激素在调节昼夜节律、季节节律、睡眠 – 觉醒节律、免疫、抗氧化等方面都具有重要作用。家禽上的研究还表明褪黑激素可以降低料重比。Apeldoorn 等（1999）发现饲料中添加 40 毫克 / 千克的褪黑激素可以降低活动产热，认为这可能是料重比降低的主要原因。在鸡上，褪黑激素的分泌高峰出现在暗期开始后的两个小时，因此，对于连续光照和暗期时间较短的间歇光照的肉鸡而言，无法建立正常的昼夜节律和睡眠 – 觉醒节律，影响其生长。

（五）光照对生长发育的其他作用途径

动物机体免疫系统与动物生长之间存在着一定的关系，外界刺激使免疫系统激活后，可导致动物采食量下降、饲料利用效率降低，从而抑制动物生长。因此，光照可能通过间接影响动物的免疫活动来影响生长。短光照和间歇光照制度中明暗期的交替出现使肉鸡产生不同程度的应激反应，适应以后可提高抗应激和免疫功能。Guo 等（2010）试验也证明 16L：8D 和 12L：12D 间歇光照周期显著提高了肉鸡的体液免疫和细胞免疫。关于光照对家禽免疫机能的影响将在本书第六章进一步详细描述。

第三节　光照强度对家禽生长发育的影响

光照虽然是家禽生产的必要条件，但并非时间越长，强度越大越好。应根据各种家禽的不同发育阶段的实际需要合理补给。在目前家禽的规模化设施养殖中，尤其是密闭式环境，光照主要通过人工照明实现，强度通常维持在较低水平，主要是为了节约电能，降低生产成本。鸡对低强度光照的视觉适应性随着长期的人工选择逐渐增强，这可能是家禽对长期低照度生活环境的一种适应性进化。

虽然一定的低照度可以满足家禽的采食照明需求，但是随着肉鸡品种生长速度的不断选育提高，低照度带来的负面影响包括骨骼发育异常、眼睛疾病、免疫机能下降等，在生产中逐渐显现，受到研究人员的重视，这部分内容将在本书第五章详述。考虑到低照度环境对动物健康和动物福利的危害，欧盟在 2007 年颁布的法案中明确规定从 2010 年 6 月 30 日开始，欧洲的肉鸡养殖中的光照强度不能低于 20 勒克斯。关于光照强度对家禽福利和健康在影响将在本书第五章和第六章详述。

光照强度主要是通过影响行为和生理机能间接调控家禽生长。不同周龄的肉鸡对光照强度有不同的需求，研究发现，以白炽灯作为光源，2 周龄肉鸡倾向于 200 勒克斯的强照度环境，而 6 周龄肉鸡则更倾向于 6 勒克斯的弱照度环境。将 Ross308 肉鸡生长的光照强度由 5 勒克斯提高到 100 勒克斯时，其活动量显著增加。研究人员和养殖人员起初希望在不影响家禽生产性能的前提下，降低光照强度。主要快大型肉鸡育种公司，如 Ross，都推荐采用 5~10 勒克斯光照，但是在实际生产中光照强度可能比该强度还要低。一般认为低强度光照会降低整体活动量，因此理论上在采食量一样的情况下，低强度光照可以提高增重、降低料重比。但是实际上相关研究结果较为复杂。一定程度上与研究人员所选用的品种、光照强度的范围、甚至和采用的光照节律都有关。研究人员在 Ross308 肉鸡的研究中采用 16L：8D 的光照节律，发现5勒克斯和20勒克斯的光照条件下采食量无显著差异，但鸡只在5勒克斯的明期的活动量小于20勒克斯，体重高5%。在Cobb 500肉鸡的研究中，虽然发现在5勒克斯下的活动量显著少于50勒克斯和200勒克斯，但是体重并无显著差异。其他研究人员发现1勒克斯、10勒克斯、20勒克斯和40勒克斯强度下Ross 308肉鸡的体重、耗料量和料重比都没有显著差异。也有人发现0.2勒克斯、2.5勒克斯、5勒克斯、10勒克斯和25勒克斯强度下Ross 308肉鸡的生长无显著差异。在Ross 308和Ross 708的研究中将光照强度设置为0.1勒克斯，发现鸡只的生长严重受阻，显著低于1勒克斯、5勒克斯和10勒克斯光照强度下的生长。0.1勒克斯是笔者在文献检索过程中发现的最低的光照强度，这可能是肉鸡对光的强度辨识的极限，从试验第一周的40勒克斯的光照强度陡降到0.1勒克斯，严重影响了肉鸡视力和采食行为。但Yahav等（2000）将火鸡分别饲养于10勒克斯、300勒克斯、410勒克斯和700勒克斯的环境下，发现10勒克斯下火鸡的增重最大，采食量和料重比最低。光照可能直接影响生长轴基因的表达以及激素水平，从而影响生长速度。T3是影响肉鸡和火鸡生长速度、采食和代谢的一个重要激素，还参与体温的调节。Yahav等（2000）的研究中10勒克斯照度下火鸡血清中T3浓度显著升高。因此推测光照强度通过影响T3参与的能量分配而影响料重比。

与白羽肉鸡相比，优质黄羽肉鸡人工选择时间短，低照度的养殖环境可能会对其生长产生不良影响。华登科等（2014）用LED光源研究1勒克斯、10勒克斯、30勒克斯和50勒克斯4种光照强度对北京油鸡生长性能的影响，结果显示，1勒克斯和10勒克斯组肉鸡的采食量、体增重和料重比都显著低于30勒克斯和50勒克斯。1勒克斯、5勒克斯、10勒克斯、15勒克斯和40勒克斯光照强度下北京鸭全期平均耗料量和平均体增重无显著差异，但5勒克斯组的料重比最低。

家禽光照的研究多是针对光照特性分别进行，包括强度、节律、波长和光源。这些光的属性对家禽的行为和健康有一定的影响，作为光的属性，这些因素之间可能也存在互作。光照节律的变化可以理解为明期和暗期光照强度相对变化的一种极端。在光照期和黑暗期的光照强度绝对值的大小对家禽的感知能力很重要，光照期的强度决定了光能否穿透头盖骨被下丘脑感受器所感知。黑暗期的光照强度决定了此期是否为真正的暗期。一般认为，0.4 勒克斯是鸡在光周期中的暗期可耐受的最低光照强度。因此，如果暗期的光照强度太大，会间接导致光照周期的错乱，即光照期延长，暗期缩短或者完全没有暗期。但是也有研究表明，光照期和暗期的光照强度的比值比光照强度绝对值的大小可能更重要。Morris 等（1978）研究发现光照期与暗期光照强度的比值最小为 10 : 1 时，鸡才能有效感知节律的变化。Blatchford 等（2012）研究光照节律（20L : 4D 和 16L : 8D）和强度对比（1 勒克斯 : 0.5 勒克斯和 200 勒克斯 : 0.5 勒克斯）及其互作对 Cobb 500 肉鸡的影响，结果显示，光照节律对采食没有显著影响，但是肉鸡在 200 勒克斯 : 0.5 勒克斯强度对比下的明期（Photophase）采食量显著高于暗期（Scotophase），而 1 勒克斯 : 0.5 勒克斯强度对比的明期和暗期采食量无显著差异，也没有表现出明显的昼夜节律性。说明当一个特定的光照节律中明期和暗期的光照强度对比过小时，家禽可能不能分别明暗变化，影响其生理节律的建立。

第四节　波长对家禽生长性能的影响

　　动物的生长主要是骨骼和肌肉的发育。家禽出雏后，肌纤维的数目不再改变，肌肉的生长大多数依赖肌肉的肥大性增生。邻近的肌卫星细胞融入肌细胞，肌细胞中 DNA 量增加和蛋白质合成能力增强，使肌细胞长度和周径变大。Cao 等（2012）研究发现 AA 肉鸡 3 周龄前绿光促生长效果明显，4~6 周龄则蓝光效果更明显，两种光色下的肉鸡血清中的睾酮浓度升高导致肌纤维周径变大，可能是蓝光、绿光促进生长的原因之一。在 26 日龄进行蓝光、绿光的交替使用可以用来促进生长、降低料重比。Liu 等（2010）的研究发现，3 周龄前饲养于蓝光（480 纳米）和绿光（560 纳米）下的 AA 肉鸡的体增重和胸肌增重速度都显著高于红光（660 纳米）和白光（400~760 纳米），绿光可以促进出雏后三天内肉鸡的肌卫星细胞的增殖和肌细胞周径变大。此外，绿光和蓝光下肉鸡的 I 型类胰岛素生长因子（IGF-1）含量高于红光和白光，因此作者推测绿光是通过影响 IGF-1 的分泌从而调控早期肌卫星细胞的增殖，并最终影响肌肉生长。随后该团队进一步发现单色光对 IGF-1 的分泌的影响作用是在褪黑激素的作用下介导完成的。Archer 等（2017）研究表明，与 2 700 开尔文的 LED 相比，5 000 开尔文的 LED 灯饲养的科宝肉鸡的 42 日龄体重高，料重比低，可能主要是由于 5 000 开尔文的 LED 灯的光谱组成中蓝、绿光的组成比例较大。光波长除了影响肌肉发育外，对肌肉品质也有一定影响。Ke 等（2011）的研究表明，蓝光可以提升 AA 肉鸡肌肉的抗氧化能力、系水力和蛋白含量，降低蒸煮损失和剪切力，从整体上改善了肌肉品质。黄羽肉鸡的饲养周期较长，但与白羽肉鸡研究结果相类似，育雏期（1~4 周）和生长期（5~8 周）红光组（630 纳米）的增重最慢，虽然育肥期（9~13 周）红光组发生补偿性生长，在 13 周龄末体重与其他组无显著差异，但是红光组的胸肌重仍显著低于绿光组。家禽对于 545~575 纳米波段的光最为敏感，该波段正好接近研究中使用的蓝光、绿光的波段，这也被认为是蓝光、绿光促进生长的机理之一。笼养黄羽肉鸡对绿色喜欢程度明显高于红色。

　　肉鸽的养殖尚未完全进入集约化，且多采用半开放舍。人工补光还未普及，在肉鸽生产过程中，为满足光周期需要，白天通常采用自然光，早晚两端进行人工补光。因此关于肉鸽光照的研究均结合亲鸽环境进行。对鸽舍在早（04:00—06:00）和晚（17:00—19:30）进行 LED 单色光补光试验，以白炽灯的白光作为对照组，研究发现，在 1~10 勒克斯的低照度条件下，蓝光（480 纳米）组乳鸽 21 日龄体重显著高于红光（660 纳米）和白光组（400~760 纳米）；在 10~20 勒克斯的中等照度条件下，各组差异不显著；在 20 勒克斯以上的光照强度下，红光、蓝光和绿光（540 纳米）组乳鸽 21 日龄体重均高于白光组，说明短波长的光一定程度上可以促进肉鸽增重，而且光照强度可能与波长存在一定的互作效应。由于肉鸽多为自然育雏，由亲鸽哺育，因此，该研究中的单色光效应可能是直接对乳鸽自身生长发育的影响，但也有可能是通过影响亲鸽的哺育能力来间接影响乳鸽的发育。

此外，一些研究人员还研究了鸟类对不同涂色的喜好。Gamberale-Stille 等（2001）研究了肉鸡对涂不同颜色昆虫的喜爱程度，结果表明肉鸡偏好绿色昆虫。对环颈稚（Phasianus Colchicus）和斑胸草雀（Taeniupygia Guttate）的研究也表明鸟类避免采食红色食物。鸟类避免捕食红色昆虫可能是因为许多红色昆虫具有毒性。这些与光波长没有直接关系，但可能体现了动物与自然界之间的一种生存与发展关系。

目前关于光波长的研究存在一定的弊端。首先，试验光源的选择很多是商品化的灯具，虽然从人类视觉上看起来是特定颜色的光，但是实际上其发散的光谱范围较宽，并非都是真正意义上的由单波长光产生的单色光。早先以白炽灯作为光源的单色光研究中，单色光的产生主要是通过在白炽灯的灯泡上涂上各种颜色，虽然视觉上有色差，但是其发散的光大部分仍旧是白光，荧光灯时代的单色光主要是由于荧光粉的差异。色素不同试验所用同一种单色光的波段范围并不完全一致，而且往往与波长相近的其他单色光有不同程度的波段重叠。其次，在一些研究中并未提到将单色光的光照强度调节到同一水平，而且即使调整一致，由于人和禽类对各波长的光的敏感性存在差异，在人类看来强度一致的光照，在禽类可能依旧存在不同，因此光波长的效应有可能被光照强度效应所混淆和干扰，即表面上看起来是光的波长导致了性状差异的产生，实际上根本原因可能是光照强度。而且在单项研究中，往往选择的波长组数较少，难以在同一条件下评估与筛选最佳单色光。LED 灯是一种新型光源，除了具有高光效、节能和寿命长等优点外，其光谱窄，单色性好，且无须过滤直接发出色光。虽然单色光的研究较多，且单色光对家禽的生长起到一定的效用，但是在生产中尚未广泛应用。因为单色光的负面影响不可忽视，尤其是 LED 灯中的蓝光被认为是对人和其他动物产生潜在危害的一种光，可能会抑制褪黑激素分泌，引起眼睛疾病和视网膜老化等。饲养于蓝光（440~470 纳米）下的鹌鹑的线粒体和吞噬体比黄光下高 1.5 倍，可能会增加机体代谢活动，加速老化。在前文中提到，人和动物的视网膜上有多种视锥细胞，长期单色光的环境可能会导致其他视锥细胞的退化和病变。

第四章　光照对家禽繁殖性能的影响

光照是生物体重要的环境因子，光信号以周期变化、光照强度和光波长等属性被动物的光感受器所感知，并转变为生物学信号，调节动物生理和行为。在现代家禽生产中，光照调节禽类的繁殖活动已成为一种提高生产效率的重要方法。

家禽的繁殖活动受神经内分泌的调控，尤其是下丘脑 – 垂体 – 性腺轴的调控。有研究表明，光线可以通过刺激眼球，作用于视网膜感受器产生光信号传递至下丘脑，进而作用于下丘脑 – 垂体 – 性腺轴，引起家禽体内促黄体素（Luteinizing Hormone，LH）和促卵泡激素（Follicle-stimulating Hormone，FSH）浓度变化，影响家禽生殖系统发育（Lewis et al.，2000；Moore et al.，2002；Lewis et al.，2005；Renema et al.，2008）。

禽类对光的感受并不局限于视网膜，光线也可以直接穿过颅骨，刺激视网膜外感受器产生神经冲动，进而作用于下丘脑 – 垂体 – 性腺轴，引起生殖机能的改变（Oliver et al.，1982；Saldanha et al.，2001），也就是说，光照刺激鸡的视网膜外感受器是调控繁殖性能的重要途径之一，其作用甚至高于光线刺激视网膜受体（Mobarkey et al.，2013）。同时有研究发现，盲眼麻雀的睾丸发育情况与正常个体无显著差异，认为视网膜外受体可以介导性腺对光照刺激的应答（Underwood et al.，1970）。另一项研究是对母禽进行眼球摘除手术或松果体摘除手术以及同时两种手术处理，并没有影响各处理的母禽体内促性腺激素释放激素（Gonadotropin-Releasing Hormone，GnRH）和 LH 的变化（Hoffmann，1981）。

松果体被认为是家禽的"第三只眼"，松果体能感受光信号并做出反应。松果体分泌的褪黑激素受光照的制约，明期褪黑色素分泌减少，暗期褪黑色素则分泌增加。褪黑色素能够抑制促性腺激素的释放，抑制性腺的发育和功能活动。张利卫等（2017）发现，鸡摘除松果体后，随着褪黑色素水平的下降，显著提高了下丘脑促性腺激素释放激素的表达和血浆睾酮水平。其原因主要是光线直接作用于家禽松果体影响褪黑激素的分泌，褪黑激素通过褪黑色素受体作用于下丘脑促性腺激素抑制激素神经元，提高了下丘脑促性腺激素抑制激素的表达，同时促性腺激素抑制激素通过其神经纤维或受体抑制下丘脑促性腺激素释放激素表达，进而降低血浆睾酮水平。另一方面光线通过褪黑激素影响家禽下丘脑促性腺激素释放激素的表达水平，而提高血浆GH水平，并且褪黑色素作为禽类的抑制激素，调节禽类行为的季节性变化。

第一节　光源对家禽繁殖性能的影响

10余年前，产蛋舍主要采用白炽灯照明，后来由于白炽灯耗电量大，灯泡寿命短，逐渐被比较省电的荧光灯等代替，近几年随着LED技术的不断进步和成本逐渐下降，家禽养殖越来越多地使用LED灯。光源的逐步更替伴随着不同光源对产蛋等繁殖性能影响的研究和对比。早年的研究显示，白炽灯和荧光灯对肉种鸡和白莱航蛋鸡性成熟、产蛋数和蛋重无显著影响（Hill et al., 1988）。也有不同的研究结果表明，用白炽灯和荧光灯做对比，白炽灯能显著提高产蛋率（Ingram et al., 1987）。研究发现，白炽灯处理组的日本鹌鹑性成熟显著晚于荧光灯处理组，两种光源对日本鹌鹑71日龄和123日龄的卵巢重有显著影响，并对123日龄鹌鹑的精液量、精液浓度和孵化率等都没有显著影响（Bobadillamendez et al., 2016）。在火鸡研究中发现，白炽灯和荧光灯对孵化率和出雏率影响不显著（Siopes, 1984）。

较新的研究显示，LED作为笼养蛋鸡的照明光源相比普通荧光灯，并不会影响产蛋率、蛋重和蛋品质（Borille et al., 2013）；还有研究发现，LED 灯能显著提高蛋鸡产蛋率，降低死淘率（杨景晃等，2017）。谢昭军等（2014）研究发现，白炽灯、节能灯、白光或黄光 LED 等均不会影响种鸡生产性能和性器官的发育。

白炽灯使用过程中光电转化率、发光不稳定和寿命短等问题尤为突出，荧光灯以其比较节能和寿命较长等优势在养殖场照明灯具中占有较大比例，但其存在频闪、辐射和污染环境等问题，而 LED 灯光效是普通节能灯的 4 倍，是白炽灯的 10 倍，采用 LED 灯能够最大限度降低企业能耗，国家发改委等 5 个部门也早已发布"中国逐步淘汰白炽灯路线图"，使白炽灯被家禽养殖场淘汰，荧光灯也在逐渐被 LED 取代，家禽养殖业中 LED 的应用正在全球范围内快速增长。

第二节　光照节律对家禽繁殖性能的影响

光照节律是对光照和黑暗时长以及比例的控制。蛋鸡生产中，一般根据鸡 3 个不同生长阶段给予不同的光照节律。蛋鸡的 3 个不同生长阶段是指 0 到 6 周龄的育雏期，7~18 周龄的育成期和 19~72 周龄的产蛋期。肉种鸡与蛋鸡的生理特点差异较大，其育成期为 7~24 周龄，产蛋期为 25~66 周龄。目前我国蛋鸡生产中所采用的光照节律大多为第 1 周光照 22~24 小时，第二周为 16~18 小时，第三周开始为 8~9 小时，并一直维持至 18 周育成期结束。从第 18 周开始，光照时长每周增加 1 小时，后面每周增加 0.5 小时，直到光照时长 16 小时为止，保持光照恒定不变直至产蛋期结束。产蛋期长光照对维持鸡的高产和稳产起到关键作用。

一、种禽育雏期的光照

种禽的产蛋量和蛋重受成年体重影响较大，而早期发育对性成熟及体重有直接影响。对于幼雏来讲，光照的作用主要使他们能熟悉周围环境，保证正常的采食和饮水。光照还可以提高幼雏活力，刺激运动和食欲，有利于消化，对幼雏的生长和健康作用很大。由于光线有利于机体组织和细胞的生命活动，使幼雏的免疫力也大大增强。光线被皮肤吸收后大部分转化为热能，促进血液循环，使鸡感到温暖。紫外线照射能将存在于鸡皮肤、羽毛和血液中的7-脱氧胆固醇转变为维生素 D₃，促进骨骼生长。

　　雏鸡下丘脑在3周龄开始对光线具有反应能力，能够分泌促性腺激素释放激素。因此，无论是蛋鸡、蛋种鸡或肉种鸡，为避免光照刺激使鸡性早熟，育雏期的光照均采用渐减式管理（图2）。

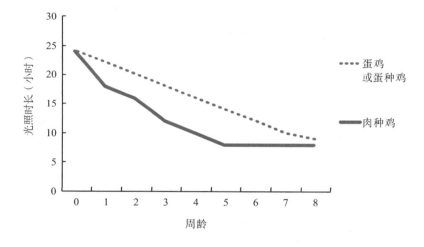

图2　育雏期的光照管理

　　雏鸭特别需要日光照射，光照能促进雏鸭血液循环、骨骼生长及有助于新陈代谢等作用。出壳后前3天采用24小时，10勒克斯光照；随后光照缩短至20~23小时；育雏第2周光照可改为18小时，第3周龄起，要区别不同情况，若夏季育雏，白天利用自然光照，夜间用较暗的灯光通宵照明，只在喂料时用较亮的灯光照0.5小时。如晚秋季节育雏，由于日照时间较短，可在傍晚适当增加光照1~2小时，其余时间仍用较暗的灯光通宵照明。

二、育成期光照

对于育成鸡来讲，通过合理光照可调控鸡的性成熟时间。光照减少会延迟性成熟时间，使鸡的体重在性成熟时达标，以提高繁殖潜力；光照增加用以缩短性成熟时间，促使鸡适时达到性成熟。育成期每天光照时长一般保持逐渐减少或恒定，切忌增加，避免鸡性早熟。尤其是鸡 12 周龄后性器官发育很快，除了关注鸡育成期的体型、体重和脂肪沉积外，也要对光照进行严格控制。

越来越多的试验表明，育成期密闭式鸡舍控光优于开放或半开放式鸡舍，而密闭式鸡舍恒定短光照节律优于长光照节律。与自然光照比较，育成期采取 8 小时恒定光照能显著促进性成熟，并能提高种鸡受精率（Brake et al., 1989 ; Idris et al., 1994）。

蛋鸡和蛋种鸡育成期光照一致，研究显示，19 周龄时，恒定 8 小时短光照组的卵巢指数显著低于 13 小时的长光照组，育成期 8 小时短光照组鸡群开产后促性腺激素释放激素 mRNA 的表达丰度显著高于长 13 小时光照组（吕锦芳等，2009）。黄羽种鸡育成期采取恒定 8 小时光照，促性腺激素释放激素、促卵泡激素 β 受体基因（FSH-β）和促黄体素 β 受体基因（LH-β），以及促黄体素（LH）和促卵泡激素（FSH）激素水平在产蛋后期均高于 10 小时或 12 小时光照组，且恒定 8 小时光照的产蛋高峰维持时间更长（Han et al., 2017）。

肉种鸡生长速度快，需要结合限制饲养以保证应有的繁殖性能，为实现这一目标，就需要对其有一个合理的光照程序予以配合。Lewis 等以 Ross、Cobb 和 Hybro 肉种鸡为对象，研究育成期恒定 8 小时或 14 小时光照对其各品种繁殖性能的影响，发现恒定 8 小时光照组的开产时间更早，产蛋多（Lewis et al., 2007）。Idris 等研究发现，肉种鸡育成期恒定 8 小时光照组的产蛋高峰也早于 13.5 小时的长光照组。育成期减少光照也应在适度的范围内。Yalcin 等研究发现，肉种鸡育成期 6 小时、8 小时或 10 小时光照时，性成熟差异不显著，而 4 小时光照时长则会显著延迟性成熟。由于性成熟晚，4 小时光照组的全期体重也会高于其他各组，最终导致产蛋数的下降（Yalcin et al.，1993）。育成期过度减少光照对肉种鸡行为活动和生理代谢造成影响，进行对性腺发育也产生抑制。

种公鸡促进性早熟具有重要意义，尤其是在人工输精时可以获得更多的精液。肉用种公鸡在育成期每天接受 4 小时或 8 小时光照时长，其性成熟最快，睾丸重和精液量优于其他光照组（Renden et al.，1991）。但也有研究发现，4 小时光照反而推延了种公鸡的性成熟，并对精液量和精液浓度无显著影响（Yalcin et al.，1993）。上述研究表明，育成期恒定短光照是保证鸡对光照刺激具有良好反应能力的基础。同时，公母鸡的生理结构和种用方向不同，饲养管理中的光环境控制应差异化对待。

在鸭的研究中发现，育成期 14 小时与 17 小时光照对肉种鸭产蛋性能无显著影响（王生雨等，2008）。育成期鸭子光照不宜过长，每日光照维持在 8~10 小时即可。但根据饲养的季节不同，光照方案有所不同（傅嘉堃，2014）。8 月下旬至翌年 4 月引进的鸭子可采用渐减光照法，即从 8 周龄 20 小时光照降至 20 周龄 11 小时光照（每周减 45 分钟）；若引进的鸭子在翌年 2 月下旬，则育成期光照 12 小时。父母代樱桃谷鸭的育成期（5~26 周）采用白炽灯光照 17 小时，强度 20 勒克斯最为适宜（韩秀芬，2013）。

三、光照刺激时间

在自然条件下，禽类要达到性成熟并获得繁殖能力，必须以大自然的日照长度和强度刺激这一客观条件的变化为前提。因此，野生的禽类总是在大自然日照长度和强度逐渐延长和增加的时期进行自然繁殖。人们发现禽类这种自然规律以后，就开始通过人为干预的方法控制光照，从而实现任何时期都可以成为其繁殖季节的目的。但蛋鸡和种鸡光照刺激时间还存在较大差异。

虽然可以通过光照处理提前或延迟禽类繁殖活动的开始，但其性成熟即使在没有光照刺激的情况下也可以出现。种鸡缺少光照刺激会显著延迟性成熟和开产。性活动的自发性开始可能是甾类激素对促性腺激素释放的负反馈发生变化的结果。

母禽从短光照转入长光照时，光照信号可以刺激促性腺激素分泌，从而启动产蛋。禽类在一定发育时期内，光照刺激的早晚决定性成熟的快慢。生产中蛋鸡多在18周龄光照刺激。蛋鸡20周龄光照刺激的开产时间显著晚于18周龄光照刺激（Silversides et al.，2006）。

本研究组在研究18周龄、20周龄、22周龄或24周龄光照刺激对白莱航蛋种鸡的试验中发现，18周龄光刺激组的卵巢指数增长最快（图3，图4）；各处理开产时间均在20周龄没有显著差异，但光刺激至开产的间隔时间随着光照刺激推迟而逐渐减少；18周龄光刺激组的产蛋数也显著高于20周龄和22周龄；16周龄光刺激组的孵化率显著低于其他各组（石雷等，2018；Shi et al.，2020）。

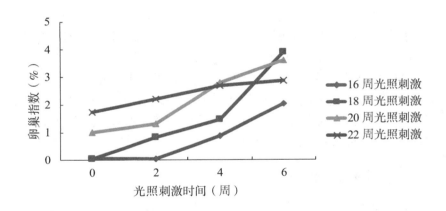

图3　不同光照刺激时间对白莱航种鸡卵巢指数的影响

肉种鸡的饲养管理与蛋鸡存在较大差异，其在整个饲养期间均需要限制饲喂，导致过早光照刺激反而会延迟性成熟（Robinson，1996；Lewis et al.，2007；石雷等，2017）。主要原因在于肉种鸡未达到体成熟时，过早光照刺激致使体况发育停止，换为产蛋期饲料后营养用于生产储备和脂肪沉积，从而导致性腺发育和雌激素增长缓慢。光照刺激数周后，即使达到体成熟，鸡群也处于光失敏状态，即对光

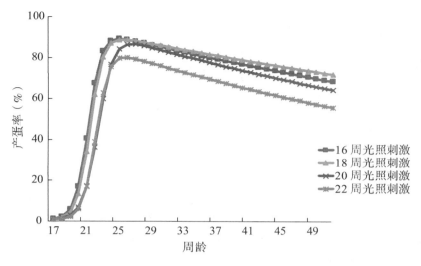

图 4　白莱航不同光照刺激时间产蛋曲线（拟合曲线）

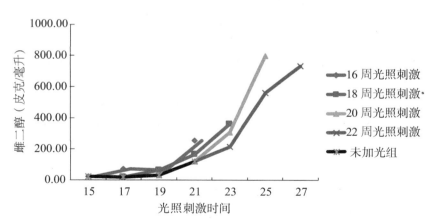

图 5　不同光照刺激时间对 AA 肉种鸡雌二醇激素的影响

照刺激不再具有反应能力，因此性成熟明显延迟（图 5）。

　　光照刺激对种鸡性成熟前的卵巢重、肝脏重、腹脂重和胸肌重影响显著，但该差异在性成熟后即消失（Robinson，1996）。Melnychuk

等研究发现，在 24 周龄接受光照刺激的 Cobb 种鸡性成熟时的输卵管和肝脏更重，腹脂较多（Melnychuk et al.，2004）。但 Robinson 等（2007）以 Ross 和 Hubbard 种鸡为对象，发现光照刺激时间（18 周龄和 22 周龄）对性成熟时的胸肌重没有显著影响，且 18 周龄光照刺激组的输卵管重和卵巢重也显著大于 22 周龄。

有研究表明，提前性成熟会导致蛋壳质量下降以及闭锁卵泡发生率增加，排卵间隔时间延长，从而导致大黄卵泡数减少（Morris et al.，2002；Gous et al.，2012；Tyler et al.，2012）。Renema 等（2007）研究发现，22 周龄光刺激组的初产蛋重显著高于 18 周龄。光照刺激时间对鸡产蛋中后期的平均蛋重影响较小（Yuan et al.，1994；Robinson，1996；Pishnamazi et al.，2014）。而 Zuidhof 等（2007）以 Ross 和 Hubbard 种鸡为对象，发现光照刺激时间对产蛋初期软壳蛋数和畸形蛋数无显著差异。

生产中，胸肌、腹脂和肝脏重量等指标能够反映鸡的体成熟状况。光照刺激前均需测量胸肌发育和腹脂沉积，进而估计鸡群体况发育。从卵黄的形成和主要成分来看，卵黄沉积主要在排卵前的 10 天左右进行。高产鸡每产一枚蛋，肝脏每天需要合成 19 克卵黄前体，卵黄前体经血液输送到发育的卵泡，通过特异性受体介导在卵黄中。卵黄中 65% 的固体成分是脂蛋白复合体（极低密度脂蛋白），脂蛋白复合体中 12% 是蛋白质，而 88% 为脂类，较高的可以随时动用的脂类也是母鸡沉积一定量体脂有利于开产和持续产蛋的原因（Bornstein et al.，1984；Lupicki et al.，1994；Robinson，1996；Joseph et al.，2002）。Renenma 等（2007）发现，种鸡 22 周龄光刺激组的腹脂率显著高于 18 周龄。但 Pishnamazi（2014）和 Robinson（1996）并未发现光照刺激时间对鸡腹脂率存在影响。

黄羽肉种鸡品种在我国所占比重逐渐增大。本课题研究 16 周龄、18 周龄、20 周龄或 22 周龄光照刺激时间对北京油鸡繁殖性能的影响，发现随着光照刺激时间的推迟，各处理见蛋日龄和开产日龄也显著推迟，22 周龄光刺激组的见蛋时间和开产时间晚于其他 3 组；20 周龄和 22 周龄光刺激组从光照刺激至开产的间隔时间短于 16 周龄和

18 周龄；22 周龄光刺激组的产蛋率有高于 18 周龄的趋势；不同光照刺激时间对产蛋数、畸形蛋数、破蛋数以及孵化率无显著影响（Shi 等，2019）。

种母鸡通过光照可以提早性成熟，但生产实践中需要慎重使用，因为适时和整齐开产才会利于群体的整体繁殖性能的发挥且便于管理。

种公鸡性早熟在实际生产中具有重要作用，尤其是在人工输精时可以获得更多的精液。Tyler 等（2011）研究 Ross 种公鸡分别在 8 周龄、11 周龄、14 周龄、17 周龄、21 周龄和 23 周龄光照刺激对其繁殖性能的影响，发现各处理性成熟时间无显著差异，第一次产生精液的时间均在 164~172 日龄；14 周龄后，公鸡对光照刺激存在反应，且随着光照刺激的推迟，睾丸发育也推迟，这一趋势与母鸡相似，但公鸡的性成熟时间早于母鸡。研究表明，种公鸡 8 周龄接受光照刺激，能够产生精液并有鸡冠发育的公鸡，与没有发现相关变化的公鸡对比，其后代母鸡的性成熟时间更早，后代公鸡的睾丸发育更快，且这一效果在肉种鸡上更为明显。实际生产中，种用公母鸡多混养接受相同光照，以至于公鸡繁殖性能的光调控机制和应用研究相对较少。在人工输精、精液稀释和存储以及种公鸡隔代利用等技术的发展下，有必要对公鸡的光照调控机制和相关技术开展系统性研究。

四、产蛋期光照时长

母禽从育成期短光照转移到产蛋期长光照时，光照信号可以刺激促性腺激素分泌，从而启动产蛋。在所有的脊椎动物中，鹌鹑被认为是研究光周期最好的动物模型，因为它对光照周期变化能够做出快速和强烈的反应。在鹌鹑中，轻微的长光照都会刺激 LH 和 FSH 的增长（Nicholls et al.，1983）。将在长日照条件下的鹌鹑饲养在短光照条件下，升高的 LH 大约持续 10 天，便开始下降（Lumsden et al.，1998）。将鸡从 8L：16D 的光照转变为 10.5L：13.5D 或 12.75L：11.25D 的光照，血浆 LH 均会成比例增加（Follett et al.，1985）。

有关蛋鸡的研究表明产蛋高峰期保持 11L：13D 光照时长，FSH

和 LH 峰值含量最高，产蛋高峰期的激素分泌规律并不和光照时长呈正相关（黄仁录等，2008）。黄仁录等研究发现，不同光照时长对高峰期蛋鸡的蛋重、浓蛋白高度、蛋壳厚度、蛋黄重、蛋壳重、蛋清重和蛋黄颜色的影响差异不显著，但 17 小时光照时长的谷丙转氨酶的活性最高（黄仁录等，2008）。谷丙转氨酶的活性增加一方面表明体内蛋白质和氨基酸分解代谢增强；另一方面也表明肝脏受损程度。17 小时光照时长有利于产蛋后期生产性能的发挥（潘栋，2008）。不同光照时长对 72 周龄蛋鸡的蛋形指数、哈氏单位、蛋壳厚度和蛋黄比率影响差异不显著（王翠菊等，2008）。产蛋期增加光照时长可以提高产蛋量，但过度延长每天的光照时间也会增加蛋鸡肝脏的负荷。目前蛋鸡或蛋种鸡产蛋期多采用 16 小时的光照时长。

王飞等（2010）研究蛋鸡产蛋期给予间歇光照对繁殖性能的影响，发现间歇光照（2L:4D:8L:10D 或 8L:4D:2L:10D）与 14L:10D 的开产日龄、全期产蛋率和耗料量差异不显著。

肉种鸡与蛋鸡体况差异较大，且肉种鸡多存在光照不应性情况，因此肉种鸡产蛋期光照时长短于蛋鸡。Lewis 等（2008）研究 Cobb 肉种鸡产蛋期光照时长与 LH 响应曲线，发现在 20 周龄时给予 9.5 小时的光照刺激，LH 水平开始上升；每天 11.5 小时光照时长的 LH 水平上升速度最快，13 小时时曲线趋于平稳。Lewis 等（2010）发现，Ross 种鸡产蛋期 14 小时光照时长的性成熟早于 11 小时光照时长，破蛋率也较低，且各处理产蛋量差异不显著。Lewis 等（2006）以 Cobb 肉种鸡为研究对象，发现产蛋期光照时长 ≤ 14 小时时，随着光照时长增加，能够促进开产，提高产蛋量。其主要原因在于肉种鸡仍存在光照不应性情况。Tahery 等（2014）也研究发现，Hubbard 肉种鸡在产蛋后期 16 小时光照组的产蛋率下降快于 14 小时光照组。以北京油鸡为对象，也得出与之类似的结果（申丽等，2012）。

光照不应性指家禽对最初诱导或维持其生产性能的光照节律无反应的特性。随着光照的延长，光子能传递到神经系统的信号逐渐减少，最后禽类不能维持最高浓度的促性腺激素水平。在大多数鸡中，光照不应性的主要特点是鸡在最初产蛋的 12~15 个月期间产蛋量逐渐减少。随着产蛋的减少，垂体逐渐不能对促性腺激素释放激素，激素发生反应而释放促性腺激素，有时促性腺激素也会降低到不能维持性腺机能的程度，卵巢在光照刺激后数周退化（Follett and Robinson, 1980）。Sharp 等（1992）研究发现，光照不应性会诱导下丘脑激素分泌下降，导致老年或持续接收较长时间光照的种鸡产蛋量减少。

Floyd 等（2011）研究发现，Cobb 种公鸡 20 周龄后维持 8 小时、9 小时、9.5 小时、10 小时、10.5 小时、11 小时、11.5 小时、12 小时、12.5 小时、13 小时、14 小时或 18 小时光照时长对性成熟、鸡冠面积和正常精子活力均无显著影响，但维持 8~11 小时区间的光照时长，其精子密度最高，随着光照时长的增加，精子浓度逐渐下降；睾丸重量随着光照时长的增加也逐渐降低。

Wang 等（2009）研究发现，采用自然光照＋人工补光措施使每天的光照时长达到 12.0~13.5 小时可显著提高产蛋率，且补光组产蛋率主要在 11 月至翌年 2 月高于自然光照组（图 6）。

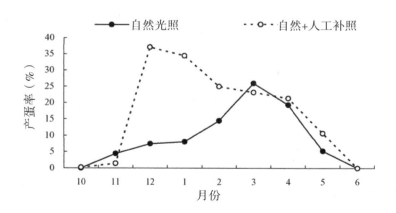

图6　自然光照＋人工补照对白罗曼鹅产蛋率的影响

综上所述，母鸡产蛋期需要较长的光照时间以促进其产蛋，而种公鸡采取同母鸡产蛋期一致的光照时长可能会降低精液品质，种公鸡或许并不适合超过 13 小时的光照管理。

丁家桐等（2010）研究发现，自然光照组的鸽子产蛋量最少，光照周期 15L:9D 的产蛋量最高，产蛋量比自然光照提高 16.4%。13L:11D、14L:10D 和 16L:8D 的光照周期的产蛋量分别比对照组提高了 5.3%、8.6% 和 11.2%。胡平等（2016）对白羽王鸽进行 0 小时、0 勒克斯，4 小时、31.2 勒克斯，4 小时、20.5 勒克斯，6 小时、31.2 勒克斯、6 小时、20.5 勒克斯的补光试验，结果发现不同补光时间和强度对白羽王鸽产蛋率有显著影响，对平均日采食量和平均蛋重无显著影响，其中当补光时间和强度分别为 4 小时、20.5 勒克斯和 6 小时、31.2 勒克斯 时，产蛋率显著高于对照组；同时也发现光照强度对白羽王鸽生殖激素的分泌无规律性影响。

Siopes 等（2007）研究发现，火鸡夏天产蛋期间，将其光照时间由 15 小时 改变为 18 小时，火鸡产蛋率提高、蛋重无显著变化，而当光照强度由 22 勒克斯提高到 567 勒克斯时，其蛋重变小，产蛋率无显著变化。这说明长光照时间促进产蛋，高光照强度降低蛋重。Bacon 等（1995）将火鸡光照时间由 8 小时提高至 14 小时，其血清中 LH 含量比 8 小时 光照组高，且黑暗期血清 LH 含量依旧保持较高水平。

五、非自然光照周期

一般的光照处理由光照和黑暗两部分组成，总时间为 24 小时，但非自然光照周期的总时间则可能长于或者短于 24 小时。短于 1 天的光照时间常用的有 14L:9D、14L:8D 或 14L:7D，在养鸡也中可以用于卵泡成熟较快的母鸡。虽然大多数母鸡的卵泡成熟时间多为 25 小时，但实际选育种发现，如果采用少于 24 小时的非自然光照可以使有些母鸡加速卵泡发育（赵兴绪，2010）。

比 1 天长的光照时间通常有 14L:14D、14L:13D 或 18L:9D 等以 28 小时或 27 小时为一整天的光照制度。根据以往的数据显示，鸡的排卵 - 产蛋周期为 25~27 小时，所以在一个连产序列中，产蛋时间会逐步后移，因为产蛋时间上的严格偏好，当产蛋时间后移至下午时，就会造成连产的中断，在一天或者数天的间歇后再开始一个新的产蛋序列（Moore et al.，2002）。随着鸡龄的增长，蛋黄体积增大，但蛋的成熟速度会明显减缓，从而每两次排卵的间隔时间由 25 小时增加到大约 26 小时。因此，常用的 24 小时光照制度可能无法让鸡最大限度地表现其产蛋遗传潜力。

非自然光照周期的提出，使母鸡的繁殖节律在此光照节律下能够得到较好的同步，更接近蛋的形成时间。蛋在输卵管内的停留时间延长会提高蛋重，减少破损蛋和畸形蛋的发生率（Yannakopoulos，1993）。实际生产中，因为人们总是在产蛋周期的后期才十分关注蛋壳的质量，因此在产蛋初期一般采取常规 24 小时光照，而在产蛋的最后几周才开始长于 24 小时的非自然光照周期。Proudfoot 等（1980）研究发现，27 小时和 24 小时两种光照周期及其对应的间歇光照制度并不会影响种鸡的性成熟、产蛋数和饲料转化率，但 27 小时光照周期能提高蛋的体积。Hawes 等（1991）研究发现，蛋鸡采用 26 小时光照节律产蛋率比 24 小时光照节律低，但蛋重上升。也有研究表明，28 小时光照制度对肉种鸡产蛋后期（47 周龄）存在负面影响，28 小时光照制度虽然能增加蛋重，但产蛋量下降快，不合格蛋较多，蛋壳质量变差（表 4；Boersma et al.，2002）。

表 4　28 小时光照制度与 24 小时光照制度效果对比

参考文献	光照处理	处理时间（周龄）	总产蛋数（个）	产蛋率（%）	平均蛋重（克）	蛋壳重（克）	蛋黄重（克）	大黄卵泡数（个）
Boers-ma，2002	15L：9D	47~55	41.1a	69.7a	65.6a	5.7	20.9	5.5
	15L：13D		39.0b	66.0b	67.3b	5.6	20.9	5.2
Spies，2000	14L：10D	20~30	25.4	—	53.0b	4.9b	13.8	7.1a
	14L：14D		23.1	—	55.1a	5.5a	14.2	6.3b

在应用 28 小时光照制度时，关键就是 28 小时周期和常规 24 小时周期之间的转换系数。对于长于 24 小时的非自然光照周期，从 24 小时改为长于 24 小时，或从非自然周期改为常规周期时，要从非自

然光照周期时间中减去 24.5 小时,余下的小时数作为转换系数。例如 28 小时光照制度的转换系数是 3.5 小时(28−24.5=3.5),其根据是母鸡体内的生物钟是每天 24.6 小时。在由 28 小时周期改为 24 小时周期时,要将明期增加 3.5 小时,反之减短 3.5 小时。如 13L:15D(28 小时)就相当于 16.5L:7.5D(24 小时),以便提供给母鸡相当的光刺激(表 5)。

表 5　笼养蛋鸡实行 28 小时光照周期对比 24 小时光照周期的优缺点

优点	缺点
提高蛋重	增加采食量
提高蛋壳厚度	提高蛋白含水量
提高特大蛋数	降低早期产蛋数
增加蛋在输卵管中时间	降低哈氏单位
提高蛋黄重	*改变工作时间
提高存活力	
减少用电量	
6 天工作周期	
效应可逆转	

注:* 典型的 24 小时周期应用 16L:8D,而 28 小时周期用 12L:16D(相当于 15.5L:8D)。

第三节　光照强度对家禽繁殖性能的影响

　　家禽对光照强度高低的反应主要依靠其行为进行判断,光照强度过高将强烈刺激家禽,诱发打架、啄癖等不健康的行为发生;过低的光照度迫使家禽趋向静态,缺乏活动不利其身体的发育,同时光照强度过低无法刺激家禽下丘脑感受器,影响家禽性激素分泌和性腺发育,进而影响家禽繁殖性能。

　　母鸡间脑和中脑对光照强度刺激有不同的反应,在视顶盖中央灰质层,圆核,外侧膝状腹侧核,半月核,峡核大细胞部和峡核小细胞部对 20 勒克斯和 30 勒克斯光照强度反应最为强烈,对 40 勒克斯光照强度反应呈下降趋势，10 勒克斯反应较低，这表明鸡脑光信息传导通路对 20 勒克斯和 30 勒克斯强度光照较为敏感。在室旁核和弓状核区域，母鸡对 20 勒克斯光照强度反应最为强烈，对 30 勒克斯和 40 勒克斯光照反应逐渐减弱，表明 20 勒克斯光照强度足以对鸡的生产性能产生较大影响（兰晓宇等，2010）。

Renema 等（2001a）研究不同光照强度对蛋鸡繁殖性能的影响，50 勒克斯光照强度组的卵巢重显著高于 1 勒克斯和 500 勒克斯组，且 50 勒克斯光照强度组的开产时间也早于其他三组。同年，Renema 等（2001b）发现，1 勒克斯和 500 勒克斯光照强度都会对蛋鸡的繁殖性能存在限制作用，光照强度为 1 勒克斯时的蛋鸡产蛋率降低，光照强度为 500 勒克斯时会降低蛋鸡的蛋壳质量。戚咸理等（2003）研究也发现，在蛋鸡生产中采用较大光照强度会提高啄死率。邱如勋等（1996）研究不同层次光照强度对蛋鸡生产性能的影响，发现罗曼蛋鸡在 10~90 勒克斯光照强度下并不会显著影响产蛋率和平均蛋重。潘琦等（2001）以罗曼蛋鸡为研究对象，对比 16.4 勒克斯、10.2 勒克斯和 6.8 勒克斯光照强度对蛋鸡繁殖性能的影响，发现 10.2 勒克斯光照强度组的产蛋率显著高于其余两组 2.4%~3.4%，死淘率最低。牛竹叶等（2000）研究 19.5 勒克斯和 9.5 勒克斯光照强度对 8 个蛋鸡品种繁殖性能的影响，发现强光照会使罗曼和金彗星蛋鸡产蛋率增加，而宝万斯蛋鸡在 9.5 勒克斯时产蛋率更高。因此，不同品系的蛋鸡最适宜的光照强度可能各有不同，有待于进一步研究。

Lewis 等（2008）探究荧光灯不同光照强度对蛋鸡性成熟和产蛋早期繁殖性能的影响，结果表明随着光照强度的增加，蛋鸡的性成熟比例呈增长的趋势，产蛋数也随之增加。Lewis 等（2009）的研究中发现，光照强度对蛋鸡产蛋期的繁殖性能影响并不显著。在非极端光照强度范围内，光照强度大小可能作为一种光刺激影响蛋鸡产蛋初期的繁殖性能，至产蛋中后期，光照的作用以提供一种信号的形式使母鸡区别白天和夜晚，用以维持生物节律。

随着现代照明技术的发展，LED 灯使用在养殖行业中的比重逐渐增加。于江明等研究 6~25 勒克斯光照强度对海兰灰蛋鸡繁殖性能的影响，发现光照强度在 20 勒克斯时，蛋鸡的产蛋量最高，血液生化指标中 IgG 和 TG 高于其他组，表明 20 勒克斯光照条件下机体免疫调节能力更强，脂类代谢较好。6 勒克斯光照强度时鸡群羽毛覆盖率较差，对动物福利存在影响（于江明，2016）。

种鸡或蛋鸡生产中，对于光照强度的关注仍不够，尤其是采取自然光照的鸡舍，靠近窗户处的光照强度可达到几千勒克斯或上万勒克斯，而远离窗户处光照强度只有几十勒克斯；叠层式饲养时，不同高度饲养也使光照强度差异较大，导致鸡群产蛋性能差异较大。

第四节　波长对家禽繁殖性能的影响

波长是光线的重要属性之一，禽类具有优越的视觉机能，能够区分不同光波长，接受不同波长的光刺激后家禽的活动、精神和采食等行为受到影响。同时光波长不同，其穿透颅骨的能量存在差异。

Mobarkey 等（2010）研究了视网膜和外视网膜接受不同波长光刺激对 Cobb 种鸡行为的影响。其中视网膜光受体对绿光的刺激很敏感，能够抑制鸡的生殖行为，而外视网膜的光受体对红光的敏感能够促进其生殖行为。与绿光相比，红光组产蛋量更高，同时释放的促性腺激素释放激素（GnRH）更多。Li 等（2015）研究发现与白光、蓝光、绿光组相比，红光组蛋鸡产生的褪黑激素较多。张利卫等（2017）研究发现与白光和红光相比，绿光促进褪黑激素受体表达，而褪黑激素通过褪黑色素受体来促进促性腺激素抑制激素（GnIH）的表达，但降低了睾酮的表达。Reddy 等（2011）研究 62~70 周龄白莱航母鸡在红光组血浆中促性腺激素释放激素和 LH 浓度均高于蓝光组。额尔敦木图等（2007）研究了不同的生长时期内不同 LED 光色对海兰褐壳蛋鸡的体内性激素分泌，发现蓝光与红光、白光分别在产蛋前期与产蛋后期促进了母鸡体内促卵泡激素与促黄体激素的分泌，从而不同程度的影响产蛋性能；LED 蓝光通过影响促卵泡液素与促黄体激素的浓度，使产蛋高峰期的持续时间延长，一定程度上增加了产蛋量。

Min 等（2012）和 Gongruttananun 等（2011）在鸡开产前 14~18 周龄添加不同光照处理，发现红光组开产早于白炽灯组，蓝光组开产晚于白炽灯组。而 Lewis 等（2001）研究发现白光组和绿光组下母鸡开产日龄不存在差异。在母鸡开产前添加不同光照处理能够在短时间内迅速刺激鸡大脑的脑垂体，促进相关激素的快速分泌，从而使开产日龄提前。而蒋劲松等（2013）从鸡 1 日龄开始进行不同的光处理，结果发现不同光色处理组间鸡的开产日龄不存在显著差异。长时间处于同一个光照条件作用下，家禽具有一段适应期，体内相关腺体的激素分泌趋于平缓，远没有突然改变光照条件的作用大。不同时间进行不同光处理对鸡的开产体重均无明显影响。

Min 等（2012）研究了白炽灯、白色、蓝色、红色光对海兰褐鸡产蛋的影响，14 周龄加光，结果发现红光组产蛋量、采食量和蛋壳厚度显著高于白炽灯和蓝色光组，41~50 周龄蓝光组蛋重显著大于白光和红光组。Reddy 等（2011）研究 62~70 周龄白莱航母鸡在红光组产蛋量高于蓝光组，其间歇性停产的发生率较低。综上所述，红色光照母鸡的产蛋量增加，蛋壳强度增强。额尔敦木图等（2007）研究单色光对海兰褐蛋鸡产蛋高峰的影响，发现白光组产蛋高峰期最短（23~29 周龄），蓝光组最长（23~35 周龄）；蓝光组高峰期产蛋率为 94%，料蛋比最低。与白光组相比蓝光组产蛋高峰期延长，且产蛋性能提高。同时发现蓝光使蛋长径变短，红光使蛋短径变短，而绿光组的蛋壳质量最好。

蒋劲松等（2013）研究白炽灯、白色、黄色、蓝色、红色光对"梅黄"肉种鸡畸形蛋和软壳蛋的影响，结果发现黄光组畸形蛋率最低，极显著小于其他各组光照。王小双等（2014）研究不同光色对二代种鸡畸形蛋和软壳蛋的影响，发现蓝光、白光、红光的畸形蛋数、软壳蛋数最小，黄光组的畸形蛋累计率最大，绿光组的软壳蛋累计率最小，与父母代结果存在差异。而额尔敦木图等（2007）试验结果显示白炽灯组软蛋数最少，其余组无明显差异。

王小双等（2014）研究不同光色对二代种公鸡繁殖性状的影响，

结果表明，白光、黄光下的种公鸡睾丸发育早于蓝光、绿光，且睾丸比重较大，绿光组在生长后期睾丸比重增大。而鸡冠和肉锤等发育状况与睾丸的发育存在一定的相关性。

睾酮是一种雄性激素，能够促进蛋白质的合成并抑制蛋白质的分解，能促进种公鸡的生长与繁殖。刘文杰等（2008）、Rozenboim 等（1999）、曹静等（2007）研究，发现光色能够影响公鸡血液睾酮浓度进而影响鸡的生长和繁殖性能，其中蓝光、绿光色对睾酮浓度的影响最大。王小双等（2014）研究也发现蓝光组二代种公鸡血浆睾酮浓度最高。

精液品质各指标的好坏能反映公鸡的生殖性能，影响受精率的优劣。王小双等（2014）的结果显示蓝光、绿光和白光组的精液品质较优，而红光组的精液品质最差，说明红光组的受精率情况最不理想。

迄今为止，有关光色对家禽影响的研究主要集中在鸡上，而对鸭、鹌鹑和鸽子的研究较少。在鸡上，长波长（波长大于 650 纳米）的光穿透颅骨到达下丘脑的穿透效率比短波长光高 20 倍，鸭、鹌鹑和鸽子则分别高 36 倍、80~200 倍和 100~1 000 倍（王怀禹，2009）。可见，光色对家禽的影响并不相同。

李明丽等（2015）研究不同光色对鹌鹑产蛋性能的影响，发现产蛋性能总体上呈现黄光组 > 绿光组 > 白光组 > 蓝光组 > 绿光组的变化规律。Bobadillamendez 等（2016）研究发现，白光组鹌鹑雌二醇激素和低密度脂蛋白含量显著高于其他各组；4 周龄时绿光组和蓝光组卵巢指数显著高于红光组和白光组，8 周龄时白光组卵巢指数显著高于其他处理组，这一差异至 12 周龄时消失；白光组鹌鹑的性成熟时间显著早于绿光组、蓝光组和红光组。

Bobadillamendez 等（2016）研究发现，不同光色对日本公鹌鹑 71 日龄和 123 日龄的卵巢重现有显著影响，同时对 123 日龄鹌鹑的精液量、精液浓度和孵化率等都没有显著影响。Yadav 等（2015）研究不同光色对日本公鹌鹑繁殖性能的影响，发现白光和蓝光处理组的睾丸体积在 25.5 周龄后显著减小，血液中睾酮激素水平也显著低于全光谱、绿光组和红光组。

　　王莹等（2014）以白羽王鸽为研究对象，分别用蓝光（480纳米）、绿光（540纳米）、红光（660纳米）和白光（400~760纳米）进行补光试验，结果发现在红光条件下，肉鸽的产蛋性能最好，其产蛋率和受精率最高，破蛋率最低。Wang等（2015）以白羽王鸽为研究对象，分别用蓝光（480纳米）、绿光（540纳米）、红光（660纳米）和白光（400~760纳米）进行补光试验，结果发现母鸽在红光条件下，BMAL1的表达量高于其他组。

　　光波长对禽类繁殖性能的影响在科研中研究较为深入，但生产中还无法推行，其主要原因是在单色环境中，人眼难以适应，视觉受限，不利于饲养员的生产操作。因此，需综合考虑其他潜在影响后合理利用。

第五章　光照与家禽的行为和福利

　　随着畜牧业的发展和畜产品贸易国际化的快速推进，畜禽养殖中动物福利备受关注。动物福利是指动物适应所处环境后达到的状态。国际公认的动物福利包括五个部分：一是生理福利，为动物提供清洁的饮水和保持健康所需的食物，使动物不受饥渴的自由；二是环境福利，为动物提供适当的栖息场所，使动物能够舒适地休息和睡眠，不受困顿的自由；三是卫生福利，预防动物疫病和给患病动物及时诊治，是动物不受疼痛、伤病的自由；四是心理福利，科学规范地应急处置动物，使动物不受惊恐的自由；五是行为福利，为动物提供适当的设施并保证其与动物伙伴在一起，使动物具有常态之习性的自由（中国动物疫病预防控制中心组织，2009）。光照是家禽生长的环境条件之一，光照对动物行为和福利的影响也主要体现在光照强度，光照周期和光谱组成上。光照对家禽行为的影响很广泛，采食饮水要求适宜的光照强度，觉醒和睡眠要求适宜的光照周期，禽类对不同光波的敏感度的差异则是对光谱组成的新要求。不适宜的光照可能会影响家禽的生理和行为，导致应激与疾病的发生。英国环境食品和农村事务部（Department for Environment, Food & Rural Affairs，DEFRA）颁布的《英国农场动物福利法规（2007）》[Welfare of Farmed Animals（England）Regulations 2007]要求家禽养殖中光照均匀，强度要满足识别群体与自由发挥天性的需求，周期须遵循 24 小时节律，且 24 小时内黑暗时长不能低于 8 小时。本章重点讨论光要素对家禽行为的作用和家禽生产上常见动物福利指标的影响。

第一节　家禽对光照环境的偏好

偏好性反映了动物对环境的天性需求，了解家禽对光照环境的自主选择偏好以及在不同光照环境下自然天性的表达是了解禽类对光照需求的最直接、最有效的途径。

一、家禽对光源的偏好

不同光源的发光原理不同，波长组成不同，禽类对不同光源偏好的实质是对光源发射光谱的偏好。Windowski 等（1992）测试了产蛋母鸡对荧光灯和白炽灯的自主选择偏好，并指出蛋鸡更倾向于选择荧光灯环境，且在荧光灯环境下梳羽、展翅等舒适性行为频次增加。Vabdenber 等（2000）对比发现白莱航母鸡对高压钠灯与荧光灯没有表现出明显的选择偏好，但是在高压钠灯环境下蛋鸡啄食和梳羽频次增高，而荧光灯环境下蛋鸡趴窝和采食占比增高。Gunnarsson 等（2008）测试早期给予自然光照或荧光灯光照对 14 周龄育成母鸡光源选择偏好，发现早期的光照环境影响育成母鸡的光环境选择且育成母鸡更倾向于选择与早期光照一致的环境。Liu 等（2017）对比了育成期和产蛋期母鸡对 2 700 开尔文荧光灯和 2 000 开尔文 LED 灯的自主选择偏好，发现母鸡更倾向于选择荧光灯。Liu 等（2017）还对比了 2 700 开尔文荧光灯与 4 500~5 300 开尔文 LED 灯环境下 36 周龄母鸡的行为差异，并指出母鸡在 LED 灯环境下更为活跃，但两组均未呈现羽毛损伤与鸡冠损伤现象。Kristensen（2007）对比了白炽灯、暖白荧光灯、6 500 开尔文荧光灯和拟合敏感光谱荧光灯下 Ross308 的偏好性，结果显示 1 周龄 Ross308 对以上 4 种光源无明显偏好，而 6 周龄时表现出对 6 500 开尔文荧光灯和暖白荧光灯的偏好，肉鸡的偏好性可能与 6 500 开尔文荧光灯和暖白荧光灯更接近自然光有关。De Santana Eich 等（2016）对比了荧光灯、红色 LED 灯和蓝色 LED

灯下 Cobb500，并指出相对蓝色 LED 灯环境，肉鸡在荧光灯和红色 LED 灯更为活跃。赵芙蓉等（2016）对比了白炽灯、荧光灯和 LED 灯下 817 肉杂鸡的行为，发现 3 种光源下肉鸡的采食、饮水、趴窝、站立和梳羽、展翅等舒适性行为均无显著差异。Sherwin（1999）对比了火鸡对白炽灯和荧光灯的偏好，发现火鸡表现出对荧光灯的偏好，Moinard 和 Sherwin 等（1999）进一步对比发现相对普通荧光灯，火鸡更倾向于选择额外补充紫外光的荧光灯环境，且补充紫外光能够减少火鸡的争啄行为。

综上，多数研究显示家禽对荧光灯呈现出选择偏好，但这种偏好性会随着家禽日龄的增加而改变，且在品种间也存在着一定的差异。LED 灯光谱可控范围更广，家禽对不同颜色、波长的 LED 灯偏好性不同，有待进一步优化探索适宜家禽养殖光谱的 LED 灯。

二、家禽对光照节律的反应

自然状态下，家禽具有显著的昼夜节律性，如雄鸡报晓意味黎明的到来。大多数禽类都在白天保持觉醒，在夜间进入睡眠，动物在觉醒状态下进行采食和饮水等活动，应答环境变化，在睡眠状态下进行机体机能的恢复。生产中，曾试图延长给光时长来刺激肉鸡的采食和生长，在 1 个 24 小时的光照周期内，光照时长达 23~24 小时，而 1 小时的黑暗期仅是为了减少肉鸡在可能发生的突然断电时的应激。但是觉醒和睡眠都是生命活动中必不可少的基本生理过程，长时光照、缺乏黑暗期扰乱了家禽的正常生物节律，不能给家禽塑造良好的休息环境，违背动物福利的基本原则。

Jenkins 等（1979）在对比了 12L:12D 光照节律和 0L:24D 连续黑暗环境下肉鸡的生长和行为，指出连续黑暗环境没有影响肉鸡的增重，但是连续黑暗下肉鸡趴窝时长增加，活动性明显降低。Bayram 等（2010）在 Cobb 500 公鸡上的研究结果显示，相对 24 小时连续光照，肉鸡在 16L:8D 的节律给光条件下采食、饮水、行走和啄食行为增加，梳羽、展翅等舒适性行为次数增多，趴窝持续时间明显缩短且肉鸡群体行为更趋向同步化，肉杂鸡上有着类似的研究结果

（Renden et al., 1996）。赵芙蓉等（2012）对比了北京油鸡在 16L:8D 长光照、12L:12L 中等光照和 8L:12D 短光照环境下行为的差异，结果显示，随着光照时间延长，北京油鸡的采食频次和采食持续时间均呈现出上升趋势，而啄物的行为频次和持续时间呈下降趋势，研究者认为光照不足可能减弱家禽的活动性，而光照时间的增加可能会促进家禽的采食欲望。相对赵芙蓉的研究，刘燕（2017）则进行了进一步的探索，试验中雄性灰纹鸟分别在 16L:8D 长光照、12L:12L 中等光照和 8L:12D 短光照驯化 30 天后，给予 72 小时的连续光照刺激，结果发现长光照节律组在连续光照下采食和静栖比例显著高于其他两组，而梳羽等行为比例降低。本课题组先后开展了以北京油鸡为代表的黄羽肉鸡和 AA 肉鸡、Ross308、Cobb500 白羽肉鸡的光照节律行为反应，结果显示，23 小时连续光照下无论是白羽肉鸡还是黄羽肉鸡，静止行为所占的比例均增加，梳羽、展翅、伸腿等舒适性行为比例相对降低。

综合以上研究结果，连续光照不能够为家禽提供舒适的休息环境和自然习性的表达，不符合动物福利的原则，光照节律应与动物的生理节律保持同步。

三、家禽对光照强度的偏好

前文已经提到禽类与人类对光线的敏感程度并不相同，禽类具有识别光线颜色的能力，其对红、黄、绿等光敏感，且感知的光谱范围要高于人类，可以分辨紫外波长范围内的光线。在采用相同的光照强度下，白炽灯光照时，肉鸡感受到的光照强度要比荧光灯强 20%~30%（Prescott et al., 2003）。

家禽的行为受光照强度的影响很大，强光能够增强家禽的活动性，但光照太强，容易导致家禽神经敏感，躁动不安，争啄打斗，而较弱的光照能够有效控制它们的争斗行为，减少啄癖的发生和猝死，但弱光下家禽的活动量减少，可能会导致腿病的高发。

早在 1986 年 Newberry 等（1986）就指出光照强度影响家禽的行为，在弱光照下肉鸡的活跃度降低，而在强光下肉鸡的活跃度更高。Kristensen 等（2006）发现光照强度在 5~100 勒克斯范围内，随着光照强度的增加，Ross308 肉鸡的活动性逐渐增加，且相对 5 勒克斯光照，100 勒克斯极显著提高了肉鸡的活动性，Kristensen 指出可以通过光照强度调控家禽的活动性来提高动物的福利水平。Alvino 等（2009）对比了 5 勒克斯、50 勒克斯和 200 勒克斯光照强度下 Cobb500 肉鸡行为的差异，结果发现随着光照强度的增加，肉鸡梳羽、展翅等舒适性行为与采食行为占比显著增加，且光照强度的提高能够增强肉鸡行为的同步性。Blatchford 等（2009）指出 50 勒克斯和 500 勒克斯光照强度下 Cobb500 活跃度要高于 5 勒克斯，且高光照强度下肉鸡的昼夜行为节律更为明显。Sherlock 等指出较大幅度提高光照强度会刺激肉鸡活跃度的提高，增强鸡的争斗性。Rierson 等（2011）同样在 Cobb 肉鸡上的研究指出，对比 10 勒克斯、20 勒克斯、30 勒克斯和 40 勒克斯 4 种强度，肉鸡在 40 勒克斯下采食行为最为频繁，且 40 勒克斯下肉鸡趴窝时长最短，站立行走与饮水频次增加。本课题组对 1 728 只北京油鸡在 1 勒克斯，10 勒克斯，30 勒克斯和 50 勒克斯 4 种光照强度下的行为观察结果显示，1 勒克斯弱光条件下，鸡群站立或趴窝等静止行为的平均时长偏高，而与之对应的，50 勒克斯光照下鸡群平均活动量较大，10 勒克斯下鸡群梳羽、展翅和伸腿等舒适性行为次数增加，说明 10 勒克斯光照强度下，鸡群更为惬意。

家禽对光照强度的自主选择取决于品种、生长阶段、早期生长环境和行为状态。Davis（1999）通过研究 Ross 肉鸡自主选择 6 勒克斯、20 勒克斯、60 勒克斯和 200 勒克斯光照强度发现，2 周龄时肉鸡倾向于选择 200 勒克斯光照环境，但 6 周龄时肉鸡却倾向于选择 6 勒克斯光照环境，但无论日龄大小，肉鸡更倾向于在比较明亮的环境下采食和饮水，肉鸡在 6 周龄时光照强度偏好性的改变可能与其趴窝休憩行为的占比提高有关。吕敏思（2014）则通过观察"萧山"肉鸡 90 勒克斯和 60 勒克斯光照强度自主选择，同样发现幼龄肉鸡对强光的偏好性大于成鸡。以上研究结果与目前肉鸡生产中早期光照强度高后期光照强度低的饲养模式相一致。Barber 等（2004）在火鸡上有着类似的研究结果，在小于 1 勒克斯、6 勒克斯、20 勒克斯和 200 勒克斯光照强度可供自主选择的条件下，2 周龄的火鸡倾向于最为明亮的 200 勒克斯光照，而 6 周龄的火鸡则倾向于选择 6 勒克斯和 20 勒克斯光照环境，而肉鸭在 2 周龄和 6 周龄时对于光照强度选择没有差异，均表现出对强光照的偏好。马贺等（2015）对比了 36 周龄海兰褐蛋鸡对小于 1 勒克斯、5 勒克斯、15 勒克斯、30 勒克斯和 100 勒克斯的自主选择，指出蛋鸡偏好相对较弱的 5 勒克斯光照强度，5 勒克斯下蛋鸡采食和活动占比较高，蛋鸡偏好在低于 1 勒克斯的比较暗的光照强度下产蛋。

Sherwin 等（1998）以 BUT8 火鸡为研究对象，观察生长于 4 勒克斯和 12 勒克斯光照强度下的火鸡对小于 1 勒克斯、5 勒克斯、10 勒克斯和 25 勒克斯 4 种光照强度的自主选择，结果显示生长于 4 勒克斯光照环境下的火鸡更倾向于选择 5 勒克斯强度，而生长于 12 勒克斯光照环境下的火鸡更倾向于选择 25 勒克斯强度，由此可以看出，早期的生长环境影响火鸡对光照强度的选择，火鸡倾向于选择与原生长环境接近且更为明亮的环境，而火鸡均不选择小于 1 勒克斯的光照，说明 1 勒克斯的光照可能不满足火鸡自然生长的基本要求。家禽对光照强度的偏好性，对光照均匀度也提出了要求，如果光照不均匀，就会造成鸡趋向光源一侧拥挤，造成采食不均和踩踏的发生。

综合以上研究结果可知，光照强度影响家禽的行为，且高光照强度能够提高家禽的活跃度，家禽不同生长阶段和生理状态对光照强度的选择不同。结合家禽生长阶段和生理状态给予家禽足够的光照强度和强度分布对于提高家禽福利水平具有重要意义。

四、家禽对光照波长的偏好

光线的波长决定了光的颜色，禽类具有敏锐的色彩识别能力，存在色彩偏好，自然状态下，公禽可以通过绚丽的颜色来吸引雌禽，通常公禽羽色绚丽且尾羽发亮，而一些野生鸟类求偶时，雄性会收集彩色的石头、树叶或塑料以获取雌性的芳心。早期关于家禽颜色偏好性的研究主要考虑的是饲料与食槽的颜色。早在 1971 年 Cooper（1971）

就指出在同时给予绿色、红色、黄色、蓝色饲料和常规饲料时，火鸡采食绿色饲料占采食总量的30%，红色为20%，黄色和绿色为17%，常规饲料为16%，即火鸡更倾向于采食绿色颗粒食物。同年，Hunrnik（1971）同时考虑蓝、绿、黄和红4色饲料组合搭配蓝、绿、黄和红4色料槽对白莱航鸡采食的偏好，并指出白莱航鸡倾向于采食红色料槽中的蓝色饲料，而较少采食黄色料槽内的红色饲料。许丽等发现较黄色、红色和白铁皮色，绿色的食槽能够促进AA肉鸡的采食。

光色由光线波长决定，最开始开展光色在家禽生产上的研究所采用的光源为使用彩色玻璃制作玻壳制成的白炽灯，或使用有色玻璃、塑料过滤白炽灯光线，光谱组成复杂（Sherlock et al.，2010）。Taylor等（1969）以白炽灯为光源，使用有色塑料过滤构造了蓝光、黄光和红光环境，发现Cobb肉鸡倾向于红光和黄光，且肉鸡对光色的偏好与生长环境有关，当多种光色可供选择时，Cobb肉鸡倾向于选择其一直生长的光色环境。Berryman等（1971）同样发现Cobb肉鸡对红光的偏好。Prayitno等（1997）以白炽灯为光源使用光栅过滤，对比了450纳米蓝光、550纳米绿光、650纳米红光和白光下Cymru Ross肉鸡的行为差异，发现相对蓝光和绿光，红光和白光下肉鸡更为活跃。随着LED芯片技术的发展，LED灯的光谱已实现定制化，可以满足试验中对光线波长和比例的严格控制，单波长光源对细致深入研究家禽对不同波长光线的反应具有重要意义。Ibrahim等（2012）使用白色、黄色、蓝色、红色和绿色反射灯泡为光源对比了光照颜色对2周龄日本鹌鹑行为的影响，结果显示，红光能够促进鹌鹑采食、饮水、站立、奔跑，而日本鹌鹑似乎对蓝光不敏感。本课题以LED为光源，对比了720只AA肉鸡在白光、460纳米蓝光、525纳米绿光和630纳米红光下行为的差异，结果显示，红光条件下肉鸡更为活跃，舒适性行为增多。蓝光组在不给光的情况下运动和采食行为比例高于白光组、绿光组和红光组，这可能是因为相同光照条件下肉鸡对蓝光的光照感知能力弱于其他组，眼睛对黑暗存在一定的耐受性，研究还发现，肉鸡在白光环境下行为的昼夜节律最为分明。Huber-

Eicher 等（2013）对比了 LED 光源下白光、640 纳米红光和 520 纳米绿光对 18 周龄育成期蛋鸡行为的影响，发现 3 种光色环境下蛋鸡的趴窝、站立、行走、梳羽、沙浴和睡眠无显著差异；相对白光和绿光，红光能够有效降低蛋鸡的争斗；相对白光和红光，绿光下蛋鸡的采食时长降低，而相对红光，觅食行为时长增加。Hassan 等（2014）对比了 LED 光源下白光、618~635 纳米红光、515~535 纳米绿光、455~470 纳米蓝光下 12 周龄海兰褐蛋鸡的行为差异，结果显示红光会刺激蛋鸡啄食和摇尾比例增加，蓝光和绿光下趴窝时长增加。而 Campbell 等（2015）对比了 625 纳米红光、425 纳米蓝光和白光下北京鸭上的行为差异，结果显示蓝光会导致北京鸭的躁动和焦虑行为。Mendes 等（2013）指出 Cobb 肉鸡对 LED 光源下 635 纳米黄光和白光的没有表现出选择的偏好性。综上，家禽具有颜色识别能力，其对色彩的偏好与品种、日龄以及早期的生活环境有关，控制光照颜色可调节家禽的行为，以促进家禽采食、减少争斗。

第二节　光照与家禽生产常见福利问题

不合理的光照制度可能导致禽类的腿部残疾，眼球变形甚至失明，不利于动物的健康，严重损害动物福利。而适宜的光照能够有效降低鸡群的就巢、啄羽、争斗等习性，减少了不必要的人为干涉措施，利于家禽福利水平的提高。

一、光照环境与家禽眼部疾病

眼睛是光线感知的主要器官，对光照环境变化十分敏感。不合理的光照会导致鸡的视网膜退化，眼球变形。眼球前后径过长，光线经眼球屈光系统后聚焦在视网膜之前，形成近视；眼球横径过长，光线经眼球屈光系统后聚焦在视网膜之后，形成远视；角膜的损伤变形，光线不能聚焦于一点，形成散光。

Jensen 等（1957）在 1957 年率先研究了光线对鸡眼球的影响，发现给予持续光线照射鸡的眼球体积会变大，重量也增加（Jensen 等，1957），这可能是因为光照时间过长会打乱鸡眼球的生长节律，眼轴延长，从而使其体积变大（吴晓敏，2008）。

多数研究指出长期弱光环境会导致家禽眼球疾病的发生。Ashton 等（1973）发现，0.2 勒克斯环境下肉鸡眼球疾病发生率高甚至导致失明。Jenkins 等（1979）在对比了 12L∶12D 光照节律和 0L∶24D 连续黑暗环境下肉鸡眼球发育情况，并指出连续的黑暗导致肉鸡眼球增大、增重，眼内压增加，虹膜、视网膜变薄。Harrison 等（1968）指出白莱航鸡 6 勒克斯强度下的眼球比 269 勒克斯下更大，更重。Siopes 等（1983，1984）发现火鸡在 1.1 勒克斯和 11 勒克斯 强度下眼球发育异常，眼球的重量、横径和前后径都高于 110 勒克斯和 220 勒克斯组，Blatchford（2009）则发现 5 勒克斯下的鸡眼球重量比 50 勒克斯和 200 勒克斯组大，但眼球的横径和前后径没有差异，但低于 5 勒克斯 的光照可导致视网膜病变、眼球内陷、近视、青光眼和失明。Deep 等（2010）进一步缩小光照强度范围，并指出 1 勒克斯强度下肉鸡的眼球重量和体积显著高于 10 勒克斯、20 勒克斯和 40 勒克斯组。在中慢速肉鸡中也有类似的结果，如华登科等（2014）指出，1 勒克斯光照下，北京油鸡眼球的前后径、左右径等均大于其余 10 勒克斯、30 勒克斯和 50 勒克斯组，说明弱光照会增加眼球的患病风险。

不同光源光谱组成不同，根据其发光原理的差异会产生不同程度的频闪。交流电电流通过光源时，灯管两端的电压大小和极性周期性变化，发出的光就会以正弦波的形式在波峰和波谷之间来回波动，产生频闪。闪烁频率与光源所采用的镇流器和交流电源频率有关，使用传统绕线式电感镇流器，光线闪烁频率为交流电源的两倍，在我国，交流电源频率为 50 赫兹，则光源频闪为 100 赫兹。频闪超过一定的频率，如超过 50 赫兹，人眼便难以识别，但在有频闪的光源下活动，视觉系统需要不断调节以保证视网膜上感受强度的稳定性和成像的清晰性，从而加大了视觉系统负担，产生视觉疲劳。光源频闪对视觉的影响研究多集中在小鼠等模式动物与人上（邸悦等，2017；时粉周等，2001），养殖光源频闪研究较少，但频闪对视觉系统的影响是不可否认的，频闪可引起视觉疲劳和视觉下降（Prescott et al.，2001）。使用手机相机检查出会出现频闪的光源，就有损人体视觉。在交流电源频率固定的前提下，电感镇流器和驱动芯片质量决定了荧光灯和LED的频闪，选购高质量光源对维持家禽视觉健康，提高其福利水平，具有重要意义。

综上，持续光照及光照强度较低的环境会使家禽眼球横径变长、体积变大、重量增加，从而导致家禽的眼部疾病发生率提高。同时，关于不同光谱组成的光源对家禽眼部疾病影响的研究较少，但根据小鼠等模式动物的研究，建议使用频闪较低的光源。

二、光照环境与腿部疾病

腿部疾病是家禽养殖中的一个重要福利问题，不同家禽品种与生长阶段，腿部疾病有明显的差异。肉鸡的腿病常见于快大型肉鸡的育雏、育成期，表现为个体腿肌无力，骨骼变形且关节积液、囊肿，肉鸡跛行或几近瘫痪不能行走、趴窝在地，严重影响肉鸡的运动和采食。肉鸡的长期趴窝，同时也会造成腹部羽毛的掉落。蛋鸡的腿病常见于开产期和产蛋高峰期，称为蛋鸡骨质疏松症或蛋鸡疲劳症，表现为蛋鸡的突然瘫痪或死亡，蛋壳质量降低。患腿部疾病个体处于疼痛以及饥饿状态，损害动物福利，也给养禽业造成经济损失。腿部疾病的产生与营养水平和养殖环境密切相关。光照可能通过影响家禽的活跃度来影响腿部的健康（Wilson et al.，1984；Simmons，1982），优化光照环境能促进家禽骨骼发育，降低腿部疾病的发生。

快大型肉鸡腿病发病率高，通常认为连续光照可以促进肉鸡最大限度地进行采食从而实现较大的出栏体重，但肉鸡早期生长速度过快，骨骼发育难以适应体重的快速增长，导致肉仔鸡关节变形、积液、膨大，脊椎强直等一系列骨骼异常发育或疾病。长时间的光照致使肉鸡对光照敏感度降低，且肉鸡不能得到良好的休息，肉鸡自由运动的时间比例降低，静止行为时间比例增加（Renden et al.，1996；

Olanrewaju et al.，2006），缺乏运动的锻炼，导致腿部疾病的进一步恶化。持续的光照也可能会直接导致动物骨骼的受损，如连续 6 个月的不间断光照可导致小鼠骨骼变薄和体力丧失。与此相对的是，间歇光照、短光照和变程光照可降低肉鸡腿病的发生比率（Tuleun 等，2010），这可能与降低肉鸡早期生长速度，平衡了个体体重增长与骨骼发育有关。中慢速肉鸡腿病发病率低，可能与其生长发育相对较慢，钙磷充分沉积有关。尽管有研究结果显示光照周期对快速黄羽肉鸡胫骨的发育及钙、磷等矿物元素在骨骼中的储备和沉积影响的差异不显著（郭艳丽等，2014），但连续光照下北京油鸡脚部评分显著高于短光照、间歇光照和变程光照组，说明过长的光照会增加中慢速肉鸡腿病的患病风险（唐诗，2013）。蛋鸡产蛋期光照节律相对固定，周期内光照时长维持在 16~18 小时，而开产前优化光照有利于钙磷的累积和骨骼的发育。综上，生产中不宜采用连续光照，在育雏期使用短光照，然后逐渐增加为长光照，可以有效改善家禽的腿部健康。

光照强度通过对禽类活动量的影响间接影响了其腿部的健康状况。鸡舍采用强光与弱光相比，强光下鸡更为活跃，即光照强度改变了鸡的活动性。弱光下，由于活动量的大幅降低，尤其是肉鸡的长期趴窝，会造成脚部的损伤、腹部羽毛的掉落以及腹部皮肤的接触性损伤，有损动物福利水平。本课题对 1 728 只在 1 勒克斯、10 勒克斯、30 勒克斯和 50 勒克斯 4 种光照强度下生长的北京油鸡进行步态评分，结果显示 10 勒克斯光照强度下步态评分得分最低，说明脚部发育状况较好，弱光条件下鸡群静止行为增加，长期趴窝不利于腿部的发育，而光照强度过高导致鸡的活动量增大等都可能不利于鸡的腿部发育。

自然光由不同波长和强度的电磁波组成，成分复杂。其中波长在100~400 纳米范围的光线称为紫外线，紫外线具有预防佝偻病的作用，其原理是紫外线照射能够使皮肤 7- 羟脱氢胆固醇转化为维生素 D_3，维生素 D_3 又被称为胆钙化固醇，其作为钙、磷代谢的激素前体物质，能够促进钙磷的吸收和沉积，进而促进机体的骨骼发育。研究显示，280~340 纳米的紫外线对畜禽的生产性能有促进作用，被称为保健光，采用紫外保健灯照射能够有效提高血清钙磷含量，促进肉仔鸡的骨骼发育，提高胫骨的强度和骨矿密度，改善骨骼质量（王海鸽等，2010；张兰霞等2006）。然而紫外照射鸡群的并不是照射的时间越长、强度越高越好，紫外保健灯的照射剂量仍有待进一步的研究。本课题组在720只北京油鸡的类似试验结果显示，红光组脚部评分值最低，说明脚部发育优于其他各组，可能与红光下油鸡的运动量加大有关，这一推测也在行为学统计中得到了印证。随着新型光源研制，进行光谱的自由选择与组合也成为现实，如马淑梅等（2016）就已经展开了红蓝黄绿光谱组合LED光源对肉鸡骨骼发育影响的探究，并提出适当增加中短波段和红光波段的比例既能够促进骨骼的生长又能够增强肉鸡的自由运动锻炼，利于肉鸡骨骼的生长发育。

综上，长时间的持续光照及光照强度较低的环境下，家禽的静止时间增加，长期趴窝，不利于腿部健康发育，但高强度的光照亦会使家禽的活动量过高，有损腿部发育。同时，可以适当增加紫外光在家禽养殖中的利用，增加短光程及红光的比例也有利于提高骨骼质量，使家禽腿部健康发育。

三、啄癖

啄斗是家禽的一种生物学习性，在鸡群中十分常见，是家禽争夺食物、地盘和求偶的重要行为。笼养限制了啄斗行为，而一旦发现异物引起好奇心就会啄它，如果啄其他鸡的肛门并啄出血，红色和血腥味会刺激鸡的啄欲，形成啄癖。啄癖包括啄羽、啄肛和啄冠等恶习，啄癖造成家禽羽毛不全，诱发皮炎甚至造成伤残或死亡。断喙是防止鸡群啄癖的最常用的手段。鸭也会出现啄癖，如果啄癖严重同样需要断喙。断喙使用断喙器断去上喙1/2，断去下喙1/3，造成家禽肢体残缺，给家禽带来严重的痛苦，有悖于动物福利的原则，因此断喙虽是目前防治啄癖的灵药，但断喙在动物福利中却饱受诟病。啄癖的发生与高温、高密度、光照等环境因素有关，科学防止啄癖的产生需优化家禽生产光照环境，尤其是应当注意光照的强度和波长。

1. 光照强度

光照强度过高使家禽神经系统处于高度紧张的状态，群体易躁动、争斗，诱发攻击性啄斗。普遍的研究结果认为啄癖的发生和严重程度与光照的强度呈正相关，无论鸡还是鸭，强光照下，啄癖增多（Kjaer等，1999）。光照的均匀度也是光照强度的一种体现，光照分布不均也可诱发鸡群啄癖。开放或者半开放鸡舍，中午时分光照强度大且不均匀，啄羽发生较多，而人工光照强度低和均匀度高，啄癖发生少。因此开放和半开放鸡舍等有窗鸡舍应注意中午时分的光照，使用磨砂玻璃或者安装特定颜色的窗帘，以通过降低光照强度，提高光照均匀度，减低啄癖的发生。如果出现啄羽，应适当降低光照强度。

2. 光照波长

波长决定了光的颜色，前面也提到，家禽具有敏锐的视力，能够识别和选择光照。多数研究显示，红光具有镇定作用能够促使鸡群安静，可减轻和抑制鸡的啄癖。红光的这一作用可能与其模糊了鸡的视线，降低了鸡对羽根红色血管、肛门红色黏膜以及个体斑点的刺激敏感度有关。而蓝光和黄光则能够诱发啄癖的产生，可能是由于蓝光或黄色与红色叠加产生紫红色或橙红色，增加了鸡的敏感度有关。但在不同鸡品种得到的结果也并不一致，如在雪山鸡上的研究显示，暖红、暖黄环境下啄羽严重的比例较高，而蓝绿组却没有发现，提示蓝绿光能显著降低鸡群啄羽行为的发生（袁青妍等，2016）。不同品种家禽羽色和皮肤颜色不同，因此在选择光照颜色的时候也应考虑到颜色的叠加效应，降低鸡对血液或皮肤斑点等的敏感度。此外，光照颜色对家禽的生长繁殖促进作用不同，要综合考虑家禽的生长阶段、性别以及生产方向，以恰当地选择光照颜色。

综上，啄癖的发生与光照强度呈正相关，光照的不均匀分布亦会引起啄癖。不同品种内，光源对啄癖的影响结果不一致。所以应根据家禽品种及光源的叠加效应选择光源。

四、就巢行为

就巢性，即为通常所说的抱窝，是自然状态下家禽繁衍后代的重要行为，但人工孵化技术的发展和成熟，大大提高家禽的繁殖效率，就巢行为会给养禽业带来很大的经济损失。一些诸如毛翎穿鼻、捆绑翅膀、拔羽、电刺激等机械醒巢方法或饲喂、注射药物等醒巢方法有悖于动物福利的基本原则，在生长中应逐渐淘汰。就巢性受遗传和环境双重调控，一方面通过遗传选育改良禽的就巢性，另一方面便是通过优化环境条件降低禽类就巢的发生。

就巢性受神经内分泌控制，其中脑垂体前叶分泌的催乳素（Prolactin，PRL）是引起和维持家禽就巢行为最直接的激素，当家禽体内 PRL 含量升高后家禽就开始出现就巢表现，伴随的是卵泡发育的停止和萎缩。光照对禽类就巢行为的影响就表现在光照能够影响 PRL 的分泌。家禽接受光信号刺激后，促使下丘脑分泌促性腺激素释放激素（Gonadotrophin）和血管活性肠肽（Vasoactive Intestinal Peptide，VIP），促性腺激素释放激素促进促卵泡激素（Follicle Stimulating Hormone，FSH）和促黄体素（Luteinizing Hormone，LH）的合成和释放，VIP 促进 PRL 的分泌。当 PRL 浓度升高到一定阈值时，经负反馈调节抑制下丘脑活动和促性腺激素释放激素的分泌，从而终止繁殖活动。在火鸡、鸡、鹅等家禽上的研究结果显示，随着光照时间的增加，雌禽 PRL 分泌不断升高（黄江南等，2015；李琴等，2015；杨海明等，2015；Johnston，2004），在 PRL 浓度达到一定阈值时便抑制下丘脑促性腺激素释放激素的分泌，从而停止产蛋，开始就巢，这种原先促进繁殖活动的长日照，最后抑制繁殖活动，使繁殖季节终止的现象称为"光不应"或"光钝化"现象。出现"光不应"的家禽，通过缩短光照可以解除就巢，促使其重新产蛋。不同光照节律对禽类就巢性的影响需要经过 PRL 浓度的累积才能表现出来，如40~47 周龄可能是光照节律调控蛋用型北京油鸡就巢的重要阶段（耿爱莲等，2013）。

与产蛋行为类似，母禽的就巢倾向于较暗且安静的环境，适当提高产蛋箱内部光照强度可以在一定程度上减少母禽的就巢。光的波长，即颜色对家禽的繁殖影响在本书繁殖调控章节已有详细阐述，光照颜色对就巢性的影响研究较少，有待进一步探究。

综上，适当缩短光照时间，并提高光照强度可以有效地减少就巢行为的发生，增加产蛋。适宜的光照环境有助于释放家禽的天性，改善家禽个体及群体的行为和生理状态，且通过改善光照环境，能够有效避免断趾、断喙和醒窝等措施手段，最终达到提高动物福利水平的效果。

第六章 光照与免疫

免疫是机体的一种特异性生理功能，能够识别自身与异己物质，通过免疫应答排除抗原性异物，以维持机体生理平衡，保持健康状态。免疫是家禽生产中的重要环节之一，家禽自身免疫力的大小直接影响其生长发育和生产性能。家禽免疫系统主要由免疫器官和免疫细胞组成。免疫器官包括中枢免疫器官和外周免疫器官。与其他物种相比，法氏囊是家禽特有的中枢免疫器官，在家禽的早期生长发育过程中，法氏囊对于机体的保护尤为重要。家禽免疫细胞包括淋巴细胞、单核吞噬细胞、粒细胞以及其他有关细胞等。免疫系统是家禽机体抵御外界病原入侵的最主要防御系统，其机能的正常与否对家禽健康生长起着至关重要的作用。

家禽的视觉反应较为敏感，光照是许多生理学和行为学过程中的一个非常重要的外部因素，也是影响家禽生长发育和生产力表现的关键环境因素之一。同样，光环境的变化也可直接或间接地影响家禽的免疫力。在不同的光照条件下，家禽的免疫功能会受到不同程度的影响，进而使得免疫器官（如法氏囊、胸腺和脾脏）也发生一系列的变化。机体的免疫力大小通常用免疫器官的重量、免疫器官指数和抗体效价等指标来评价。免疫器官重量的增加是生长发育加快的表现，而免疫器官指数的提高则说明免疫系统成熟较快（段龙等，2010）。Rivas等（1988）认为，胸腺、法氏囊和脾脏的重量和指数可用于评价雏鸡的免疫状况，它能很好地反映机体免疫器官的重量变化，而且能将个体差异的影响降到最低。绝对重量和相对重量越大，说明机体的细胞免疫和体液免疫功能越强。

光照对家禽免疫的影响机制可归纳为：光照的改变影响松果体分

泌褪黑素水平，进而影响家禽法氏囊和脾脏等免疫器官的细胞增殖活性，最终影响机体免疫功能。因此，在传统免疫程序的基础上，采用合理有效的光照制度可以增强家禽机体的抗病力，提高生产力。本章重点介绍不同光要素对家禽免疫的调控作用。

第一节 光源与家禽免疫

光源主要包括自然光（阳光）、白炽灯、荧光灯和 LED 灯等。地球上所有生物的生长环境均离不开太阳光的照射。常言道，多晒太阳少生病。太阳光中的紫外线起到杀菌消毒的作用，适当的晒太阳可以增加红细胞和白细胞的数量，促进褪黑素的产生，促进机体对维生素 D 的吸收，促进肠道钙、磷吸收，有利于增强体质，提高机体免疫力。维生素 D 是免疫细胞 T 细胞对异物发动攻击的"总指挥"，有利于免疫细胞更好地发挥其免疫功能。丹麦哥本哈根大学研究人员发现，可以通过调节体内维生素 D 含量来控制机体免疫反应（Von Essen et al.，2010）。同样，合适的自然光照也可以促进家禽生长，提高机体新城疫、禽流感等抗体效价，增强机体免疫功能。

随着家禽生产的迅速发展，大规模集约化养殖主要在现代化禽舍进行全封闭或半封闭式的饲养，无法正常接受自然光的照射。虽然采用的人造光源也都是模拟自然光源，但是使用的材质不同，其波长、散热度、强度等存在差异，会影响家禽的免疫功能。自 2012 年 10 月 1 日起，秉着节能、高效、环保的发展宗旨，白炽灯已逐步被禁止使用。因此，在家禽生产中，荧光灯和 LED 灯的使用越来越多，占据很大的比例。其中，荧光灯具有节能和寿命长等优势；LED 灯作为新一代照明产品，具有耗电低、寿命长、光源稳定和无毒环保等优点。

有报道显示，短波紫外线（UVB）照射可使小鼠机体免疫功能下降，一些可见光也可抑制豚鼠的免疫功能（张晓明等，2002）。在医学上，4~14 微米的远红外线区域对人体最有益，称为"生育光线"，该红外线波段能够促进生命的生长，活化细胞组织，促进血液循环，加强新陈代谢，提高人和动物机体的免疫力。不同光源对家禽免疫功能影响的研究报道较少。长波紫外线（UVA）照射可以有效减少鸭病毒性和细菌性疾病的发生。生产中利用红外线照射，有助于家禽育雏期的防寒，提高成活率。有研究发现，LED 灯能显著提高蛋鸡产蛋率，降低死淘率（杨景晃等，2017）。马淑梅等（2016）在不同光谱比例组合 LED 光源研究中发现，合理均衡的光谱组合，更有利于白羽肉鸡生产性能的发挥，提高肉鸡的免疫功能。虽然紫外线具有一定的杀菌作用，有利于维生素 D_3 的合成，促进骨骼发育；红外线也有消炎、镇痛和促进伤口愈合等作用，能提高机体免疫力，但紫外线与红外线光照射成本较高，并且长期照射紫外线和红外线对饲养人员和动物都是有害的。因此，在实际生产过程中更倾向于使用 LED 灯，LED 灯能够起到自然光照的作用，促进家禽生长发育，提高机体免疫力，可在家禽生产中广泛应用。

第二节　光照节律与家禽免疫

在现代化家禽生产中，主要采用人工光照方式进行饲养。每天给予一定时间的光照和一定时间的黑暗能够刺激黑色素的产生，增强家禽对细菌、病毒、寄生虫的免疫力，人工光照已经在世界各地禽类生产中取得了广泛应用。家禽机体免疫系统功能的维持与松果体密切相关，松果体在接受光刺激后能合成分泌吲哚类神经内分泌激素 – 褪黑素（程金花等，2007）。褪黑素对免疫系统的调节作用主要表现在：增加免疫器官重量和提高白细胞数量（Singh et al.，2006），促进 T 淋巴细胞和 B 淋巴细胞增值，提高中性粒细胞的吞噬能力和淋巴因子激活的杀伤细胞活性（魏伟和徐叔云，1996；卢玉发和廖清华，2008）增强动物机体的体液免疫，促进抗体产生，并能提高抗体对抗原的敏感性（徐峰等，1994；周爱民等，2001；Akbulut et al.，2001）。龄南（2007）研究认为，褪黑素的分泌呈典型的昼夜节律和季节性变化，与动物的生活习性无关，而是依赖于动物视网膜接受光信号触发的内源性自律结构。在家禽生产中，不同的光照节律是指家禽生长过程所给予的明暗周期分布比例不同，因而导致褪黑素分泌水平不同，机体免疫功能会受到不同程度的影响。

许多研究发现，持续光照会使家禽机体免疫系统削弱。魏涛等（2002）和肖芝萍等（2016）研究认为不同的光照节律通过影响褪黑素的合成而影响脾脏的重量，长光照不仅会使脾脏重量减轻，而且还会使脾脏中淋巴细胞与巨噬细胞的数量明显减少，其原因是褪黑素的分泌直接受光照的影响，黑暗促进其分泌而光照抑制其分泌。陈大勇等（2008）研究表明，肉鸡的胸腺小体直径、法氏囊小结面积、脾小结直径以及各淋巴器官组织的淋巴细胞致密度随着光照时间的延长而逐渐降低，可以直接影响 T 淋巴细胞和 B 淋巴细胞的生成而降低机体免疫功能。Kirby 和 Froman（1991）研究发现，持续光照组和 12L：12D 光照组相比，红细胞抗体和迟发性变态反应显著降低。刘淑英等（2002）在鹌鹑光照试验中发现，过度延长光照时间，机体褪黑素的分泌水平受到抑制，导致体内外周血中 CD3+、CD4+、CD8+等 T 淋巴细胞及其亚群和 B 淋巴细胞数量百分率有不同程度的降低，外周血单核细胞的吞噬能力也有不同程度的下降。因此，上述研究表明长光照会抑制褪黑素的分泌，从而大大降低动物机体的免疫功能。

合适的人工光照节律：短光照或间歇光照可以促进家禽生长，提高免疫力。研究发现，明暗周期合理的光照方式可以预防肉鸡抑制性死亡综合征，减少传染性支气管炎病毒（IBV）引起的呼吸道疾病，降低雏鸡传染性喉气管炎（LT）的发生率，提高抗病力，增强免疫功能（钱建中和曹斌，1997）。明暗周期的光照方式也可大大降低肉鸡群体的腿病发生率和总死亡率（席咏文和庄汉辰，1996）。光照时间超过 20L：4D 时，家禽机体会对抗体产生抑制作用，在 24L：0D 的环境下免疫失败率会大增（马菁和马杨，2014）。段龙等（2010）采用两种间歇光照（22L：2D 和 20L：4D）进行研究，结果表明，间歇光照组可提高肉仔鸡的脾脏和法氏囊指数，对肉仔鸡的中枢和外周免疫器官的发育有促进作用。肉仔鸡血清总蛋白、白蛋白的水平提高，其中 22L：2D 光照组的白蛋白于 21 日龄和 35 日龄极显著高于 24L：0D 光照组（$P<0.01$）。因此，采用 22L：2D 和 20L：4D 的间歇光照节律对肉仔鸡的免疫功能具有一定的促进作用。郭艳丽等（2015）研究结果表明，与连续光照组、短光照组、自然光照组比较，短光照间歇组 21 日龄的胸腺指数和自然光照组 63 日龄的法氏囊指数比其他光照组大，与段龙等（2014）的结果相似。肉鸡 42 日龄和 63 日龄的 T 淋巴细胞阳性率（ANAE+）在短光照间隙组与其他组相比均有提高趋势的结果说明，短光照基础上再进行间歇处理，更有利于肉鸡细胞免疫功能的发挥。因此，肉鸡生产中采取自然光照或短光照间歇更有利于其抗应激能力和免疫功能的发挥，从而更有利于其健康。邢瑞虎等（2014）研究结果表明，短光照间歇组的胸腺指数在 21 日龄有大于自然光照组的趋势（$P=0.057$）；自然光照组的法氏囊指数在 63 日龄有比短光照间歇组提高的趋势（$P=0.059$）。短光照间歇组的 ANAE+ 在 21 日龄（$P=0.086$）、42 日龄（$P=0.062$）有大于其他光照组的趋势；63 日龄自然光照组新城疫抗体效价最高（$P=0.073$），能将新城疫抗体效价维持在高水平，对肉鸡机体具有良好的免疫保护力，说明自然光照周期能够有效的促进黄羽肉鸡的免疫应答反应，促进抗体的产生和维持。郑兰等（2013）研究结果表明，间歇光照能提高半开放养殖模式下岭南黄羽肉鸡的抗氧化性能和免疫功能。Guo 等（2010）试验证明，间歇光照对肉鸡的体液免疫和细胞免疫均有显著影响。其中，低能蛋白组配合 12L：12D（9L：3D：1L：3D：1L：3D：1L：3D）的光照节律，ANAE+ 和血清 IgG 含量显著高于持续光照，16L：8D 光照节律下肉鸡前期新城疫抗体效价显著高于持续光照。Kliger 等（2000）研究发现，间歇光照制度下，6 周龄肉鸡的脾脏 T 淋巴细胞和 B 淋巴细胞活性均高于持续光照组。Volkova 等（2010）研究发现，减少持续光照时间可以提高肉鸡群体对沙门氏菌的耐受性。尤其是在肉鸡生长期每天采用 18 小时光照可以降低沙门氏菌的检出率。因此，短光照或间歇光照有利于提高肉鸡的抗氧化性并增强免疫功能。

光照节律除了应用于鸡生产外，还在鸭、鹌鹑等其他禽类物种中广泛应用。薛夫光等（2016）研究发现，短光照（16L：8D）组血清 IgG 含量显著提高，对北京鸭免疫功能有显著提高的作用。龄南（2007）研究表明，不同光照条件下，鸭体内的褪黑素水平发生改变，可以影响外周血细胞数量，以此来调节机体的免疫功能。崔利宏等（2005）研究证明，缩短光照时间（短光照）可以增加鹌鹑外周血中的白细胞数、红细胞数和血红蛋白含量。刘淑英等（2006）研究发现，不同光照条件下，鸡、鸭、鹌鹑褪黑素水平显著变化，血液中 T 淋巴细胞、B 淋巴细胞及亚群数量显著增高或降低。褪黑素对机体的免疫功能有显著影响。Siopes（2008）采用 12L:12D 光照节律方式研究发现，在一天中，光照期鹌鹑的细胞免疫水平显著升高，黑暗期鹌鹑的体液免疫水平显著升高，其与褪黑素水平变化显著相关。白细胞介素 2（IL-2）和 γ - 干扰素等细胞因子，可提高动物机体对病毒、细菌、真菌、原虫等感染的免疫应答，使细胞毒性 T 淋巴细胞、天然杀伤细胞、淋巴因子激活的杀伤细胞和肿瘤浸润性淋巴细胞增殖，并增强其杀伤活性，进而发挥免疫应答反应。研究表明，控制光照条件对鸡、鸭、鹌鹑白细胞介素 2（IL-2）的分泌产生显著的影响，短光照周期血液中 IL-2 水平较高，但随着光照时间的延长，IL-2 水平显著下降。同时外周血 γ 干扰素的分泌规律与 IL-2 的一致（齐景伟等，2003；刘淑英等，2006）。

综上所述，家禽的细胞免疫、体液免疫以及非特异免疫功能均受到光照节律的影响，基于目前的家禽生产实践和应用，自然光照、短光照和间歇光照条件能显著提高家禽机体免疫功能。

第三节　光照强度与家禽免疫

自然光照强度受季节和天气的影响较大，同一天中不同时间点的光照强度差异很大。夏天晴朗的室内光照强度为 100~550 勒克斯，夜间满月的室内光照强度为 0.2 勒克斯。目前，全封闭或半封闭式的饲养环境主要采用人工光照技术，光照强度相对较低，主要是为了节能省电，降低生产成本。因此，在现代化生产过程中，家禽长期处于低照度的生存环境中，但其生长发育和生产性能均没有受到显著影响。同样，研究人员和养殖人员也希望在不影响家禽生产性能的前提下，尽可能降低光照强度。虽然低照度对家禽生长性能的影响可能较小，但是低照度环境可能对动物健康和动物福利造成一定的危害，自 2010 年 6 月 30 日起，欧洲肉鸡养殖中的光照强度不能低于 20 勒克斯。

　　光照强度过高或过低均会引起肉鸡的应激反应。在应激条件下，自由基的大量生成会破坏细胞成分使免疫系统受损。有报道称光照强度会影响禽类的活动量、行为、免疫系统、生长速度以及成活率等（Olanrewaju et al.，2011）。研究表明，高光照强度可使肉鸡的活动量增加，腿病和死亡率降低（Newberry et al.，1988；Davis et al.，1999）。然而光照越强，鸡越躁动不安，活动量增加，容易引发严重的啄癖、脱肛等（Hester et al.，1987）。光照太弱又会使鸡的活动量减少，胴体性能降低，患腿病和眼病的概率增加，易出现炸群等，不利于家禽生长和动物福利。郑兰等（2013）研究发现，5 勒克斯和 10 勒克斯光照强度可提高 21 日龄和 50 日龄肉鸡免疫器官指数，增强免疫功能。华登科等（2014）研究发现，5~10 勒克斯光照强度下北京油鸡血清中生长激素和褪黑素水平最高，免疫力增强。于江明等（2016）研究 6~25 勒克斯光照强度对海兰灰蛋鸡繁殖性能的影响，发现光照强度在 20 勒克斯时，血液生化指标中 IgG 和 TG 的高于其他组，表明 20 勒克斯光照条件下机体免疫调节能力更强。马淑梅等（2016b）研究发现，虽然 1 勒克斯光照组肉鸡的 ANAE+ 和新城疫抗体效价显著升高，有利于增强肉鸡的免疫功能，可以节约成本，提高经济效益，但影响动物福利，也不利于饲养人员正常工作。Blatchford 等（2009）和 Olanrewaju 等（2016）研究发现，在相同光照强度下母鸡的抗体效价大于公鸡。有报道显示，光照强度对家禽免疫功能影响的实质仍然是通过褪黑素含量发挥作用，低光照强度能够促进褪黑素的分泌（Pashkov et al.，2005），可以提高机体的细胞和体液免疫功能。光照强度在其他禽类物种中的研究很少。胡平等（2016）秋冬季补光时间过长和强度过高可显著降低白羽王鸽抗氧化能力，降低免疫力，补光照强度度不应超过 20.5 勒克斯。

综上所述，光照强度不宜过高或过低，在满足家禽正常生长条件的前提下，可选用 10~20 勒克斯的光照强度，保证动物健康和动物福利，提高机体免疫功能。

第四节　波长与家禽免疫

禽类具有发达的三色视觉，对光的颜色非常敏感，能敏锐的分辨出不同颜色的光，尤其对短波光的敏感性远远大于人类。光的颜色（波长）不但对禽类生产性能有影响，还对其免疫功能产生一定的影响。Moore 和 Siope（2000）研究表明光照颜色会影响家禽的体液免疫和细胞免疫功能。

研究表明，蓝光能促进肉鸡生长、缓解光刺激诱发的小肠免疫应激；绿光可改变松果体分泌水平，调节法氏囊 B 淋巴细胞的活性（胡易等，2012）。Sadrzadeh 等（2011）研究发现，肉鸡（37 日龄）在白光和绿光条件下饲养，其外周血 T 淋巴细胞的增殖显著高于红光、黄光和蓝光组。Li 等（2013）研究显示，单色绿光能够显著地促进早期肉鸡法氏囊和盲肠扁桃体的发育提高其免疫能力。Xie 等（2008）研究显示，与红光相比，绿光能显著提高早期肉鸡脾脏重量和脾脏指数，促进 T 淋巴细胞的增殖，从而提高肉鸡的细胞免疫与体液免疫功能。在 15 勒克斯光照强度下，肉鸡生长后期选用蓝光照射，对肉鸡免疫应激反应具有缓解作用，可以显著提高脾细胞的增殖，提高细胞免疫和体液免疫功能（谢电等，2007；谢电等，2008）。同样在 15 勒克斯光照强度下，肉鸡生长前期选用绿光照射，后期选用蓝光照明，可以显著提高脾淋巴细胞增值，提高肉鸡免疫功能（谢电等，2006）。谢电等（2007）还发现，在 21 日龄时 T 淋巴细胞转化率绿光组比红光组显著高 80.8%，到 49 日龄时蓝光组对照组 A（ConA）刺激的增殖反应比红光组明显高 26.9%。与红光组比较，蓝光组 49 日龄肉鸡脾脏的质量提高 42.2%（$P<0.05$），而白光、

绿光和蓝光各组间差异不显著（$P>0.05$）。这一结果说明，随着单色光波长的变短，相应光色饲养下的肉鸡脾脏质量有增加的趋势，其中蓝光能够较明显地促进脾脏的发育（王俊锋等，2013）。研究发现，不同光色组合会影响褪黑素受体介导免疫调节作用，蓝绿光能够促进肉鸡脾淋巴细胞增殖，提高其免疫力（张自强，2014），与上述研究结果一致。Jin 等（2011）研究发现，绿光可促进肉鸡松果体 AANAT mRNA 表达，提高肉鸡血浆褪黑素的水平。同样，蓝光在产蛋高峰期可显著提高蛋鸡免疫功能和脾细胞增殖，红光在产蛋后期可提高蛋鸡的免疫功能（李然，2009）。Scott 等（1994）研究显示，光色对火鸡体液免疫水平产生不同程度的影响，其中绿光能够显著提高 0~3 周龄脾脏的重量和脾脏器官指数。

除了免疫器官重量和指数以外，抗体效价也是衡量免疫力大小的重要指标。研究发现，红光和绿光照射明可显著提高肉鸡绵羊红细胞（SRBC）抗体效价（Blatchford et al.，2012）。张学松（2002）给在红光和绿光条件下饲养的 45~55 周龄鸡注射绵羊红细胞 14 日龄后，抗绵羊红细胞效价明显提高。这说明光的波长对于禽的体液免疫应答主要影响 IgG 而不是 IgM。谢电等（2007）通过研究红光、绿光、蓝光和白光对肉鸡免疫功能的影响发现，绿光组显著提高 3 周龄的 T 细胞数量和 4 周龄的新城疫抗体效价；蓝光组显著提高 7 周龄肉鸡的脾脏重和新城疫抗体效价。由此可见，在肉鸡饲养前期和后期，绿光和蓝光光照均能提高肉鸡对新城疫抗体的免疫应答，增强免疫功能。法氏囊是家禽产生新城疫特异性抗体的主要免疫器官，这可能与绿光和蓝光能够促进法氏囊良好发育密切相关。Scott 等（1994）还采用蓝光、绿光、红光、灰白色光分别对 30 周龄的火鸡每天照射 16 小时。其研究表明，随着光照时间的延长，白细胞数减少，其中绿色光减少最多，灰白色光减少最少。红色光和绿色光照射后异嗜性白细胞与淋巴细胞的比值（H/L）值降低最多。

光色影响家禽免疫的作用机制可归纳为：单色绿光或单色蓝光能够显著提高血液中褪黑素水平，而褪黑素一方面通过提高机体的抗氧化能力促进动物的免疫功能，另一方面其通过调节其受体数量和分布来影响家禽的免疫。褪黑素与法氏囊 B 淋巴细胞膜上的褪黑色素 1a 和褪黑色素 1c 受体相结合，经胞内 cAMP/PKA 信号途径影响核内基因转录，可促进法氏囊 B 淋巴细胞增殖（Li et al.，2013）。

综上所述，光色（波长）对家禽的免疫功能有重要的影响。在家禽生产中合理利用光波长（短波长：蓝光或绿光），不仅能激活细胞免疫，也能激活体液免疫，对许多细胞因子也有调节作用，进而增强家禽机体免疫系统功能。

不同光要素对家禽免疫功能的影响各不相同，其对机体免疫功能的影响机制较为复杂，主要是影响松果体分泌褪黑素水平，同时还受到一些其他因素的影响。在实际生产过程中，虽然有严格的家禽免疫程序来预防和控制疾病，降低死亡率，但是光照的影响也是不可忽视的。需要根据具体情况，与选育的生产性能和重要性状相结合，正确、合理、灵活使用不同的光照条件，可增强家禽的免疫功能，提高生产力，最终能够获得更大的经济效益。

本项目相关科研成果

一、近期获奖情况

主持完成的"北京油鸡新品种培育与产业升级关键技术研发应用"获 2019 年北京市科技进步一等奖,"北京油鸡新品种选育与产业升级关键技术创新与应用"2019 年获大北农科技奖。

二、相关专利

陈继兰,孙研研,马淑梅,李云雷,陈超,杨亮,李冬立.肉鸡养殖方法,ZL2016108495618.

陈继兰,孙研研,郭艳丽,李冬立,陈超,贾亚雄,马淑梅.鸡舍照度调控系统.ZL201520805855.1.

孙研研,陈继兰,杨亮,罗清尧.一种满足鸡生长发育和产蛋需求的节能光照系统.ZL201420455961.7.

陈继兰,孙研研,石雷,许红,陈超,李冬立,陈余.一种适用于黄羽种鸡的光照刺激方法.201811103191.9.

陈继兰,王梁,孙研研,李云雷,麻慧,叶建华,陈超.一种使鸡舍光线布局均匀的装置.201810347776.9.

三、发表的相关论文

1. Guo Y L, Ma S M, Du J J, Chen J L, 2018. Effects of light intensity on growth, anti-stress ability and immune function in yellow feathered broilers [J]. Brazilian Journal of Poultry Science, 20(1): 79–84.

2. Guo Y L, Li W B, Chen J L, 2010. Influence of nutrient density and

lighting regime in broiler chickens: effect on antioxidant status and immune function [J]. British Poultry Science, 51(2): 222−228.

3. Shi L, Sun Y Y, Xu H, Liu Y F, Li Y L, Huang Z Y, Ni A X, Chen C, Wang P L, Ye J H, Ma H, Li D L, Chen J L, 2019. Effect of age at photostimulation on reproductive performance of Beijing−You Chicken breeders [J]. Poultry Science, 98(10): 4522−4529.

4. Shi L, Sun Y Y, Xu H, Liu Y F, Li Y L, Huang Z Y, Ni A X, Chen C, Li D L, Wang P L, Fan J, Ma H, Chen J L, 2020. Effect of age at photostimulation on sexual maturation and egg−laying performance of layer breeders [J]. Poultry Science, 99(2): 812−819.

5. Sun Y Y, Li Y L, Li D L, Chen C, Bai H, Xue F G, Chen J L, 2017. Responses of broilers to the near−continuous lighting, constant 16−h lighting, and constant 16−h lighting with a 2−h night interruption [J]. Livestock Science, 206: 135−140.

6. Sun Y Y, Tang S, Chen Y, Li D L, Bi Y L, Hua D K, Chen C, Luo Q Y, Chen J L, 2017. Effects of light regimen and nutrient density on growth performance, carcass traits, meat quality, and health of slow−growing broiler chickens [J]. Livestock Science, 198: 201−208.

7. Wang P L, Sun Y Y, Fan J, Zong Y H, Li Y L, Adamu M I, Wang Y M, Ni A X, Ge P Z, Jiang L L, Bian S X, Ma H, Jiang R S, Liu X L, Chen J L, 2020. Effects of monochromatic green light stimulation during embryogenesis on hatching and post−hatch performance of four strains of layer breeder [J]. Poultry Science, 99(11): 5501−5508.

8. 陈继兰，2010. 肉鸡生产的光照制度 [J]. 中国家禽，32(6)：39.

9. 陈继兰，2013. 美国肉鸡养殖工艺与光照技术研究 [J]. 北方牧业 (14):15.

10. 陈继兰，朱静，唐诗，2011. 肉鸡光照制度的研究与应用 [J]. 中国家禽，33(20)：1−4.

11. 杜进姣，马淑梅，郭艳丽，孙研研，陈继兰，韩海珠，赵芳芳，2015. 光照强度对黄羽肉鸡生产性能、养分代谢、屠宰性能及肉

品质的影响 [J]. 中国家禽，37(7)：34-37.

12. 郭艳丽，邢瑞虎，马淑梅，杜进姣，孙研研，陈继兰，2015. 不同光照周期对快速黄羽肉鸡抗应激、免疫和胫骨特性的影响 [J]. 畜牧兽医学报，46(12)：2307-2313.

13. 华登科，贺海军，贾亚雄，李冬立，唐诗，白皓，刘念，秦宁，孙研研，2014. 光照强度对北京油鸡生长激素和褪黑激素含量的影响 [J]. 中国家禽，36(19)：30-32.

14. 华登科，李冬立，孙研研，唐诗，白皓，刘念，刘冉冉，郑麦青，赵桂苹，2014. 光照强度对北京油鸡激素分泌、生产性能及胴体性能的影响 [J]. 畜牧兽医学报，45(5)：775-780.

15. 李云雷，孙研研，华登科，王全红，王重庆，白皓，刘念，李冬立，罗清尧，2014. 不同光色对黄羽肉鸡生产性能、胴体性能及性征发育的影响 [J]. 畜牧兽医学报，46(7)：1169-1175.

16. 刘念，唐诗，贾亚雄，李冬立，白皓，华登科，朱静，毕瑜林，陈余，2013. 光照程序和日粮能量蛋白水平对黄羽肉鸡肉品质的影响 [J]. 中国家禽，35(22)：21-24.

17. 马淑梅，2016. 不同光照制度对肉鸡生长、代谢和健康的影响 [D]. 兰州：甘肃农业大学.

18. 马淑梅，孙研研，李冬立，李云雷，陈超，陈余，郭艳丽，陈继兰，2016. LED 组合光谱对白羽肉鸡生长、屠宰性能及抗应激的影响 [J]. 安徽农业大学学报，44(1)：33-39.

19. 马淑梅，孙研研，李冬立，李云雷，陈超，李复煌，郭艳丽，陈继兰，2016. 不同光谱组合 LED 灯对白羽肉鸡生长、免疫力、屠宰性能和福利的影响 [J]. 畜牧兽医学报，47(10)：2037-2044.

20. 石雷，李云雷，孙研研，陈继兰，2018. 光照节律调控鸡繁殖性能机制研究进展 [J]. 中国农业科学，51(16)：3191-3200.

21. 石雷，孙研研，李云雷，陈超，陈余，陈继兰，2017. 不同光照节律对 AA 肉鸡生产性能、胴体性能和福利的影响 [J]. 家畜生态学报，38(7)：32-37.

22. 石雷，孙研研，许红，刘一帆，李云雷，黄子妍，倪爱心，叶建华，陈超，贾亚雄，郭艳丽，陈继兰，2018. 光照刺激时间对蛋种鸡性发育、蛋壳质量和繁殖性能的影响 [J]. 甘肃农业大学学报，53(4)：22-28.

23. 石雷，孙研研，许红，刘一帆，徐松山，李云雷，叶建华，陈超，李冬立，陈余，郭艳丽，陈继兰，2017. 光照刺激时间对肉种鸡性成熟的影响 [J]. 畜牧兽医学报，48(11)：2107-2114.

24. 孙研研，陈继兰，2017. 种公禽繁殖系统对光要素的应答机制研究进展 [J]. 中国畜牧兽医，44(09)：2692-2698.

25. 唐诗，2013. 不同光照节律和营养水平对黄羽肉鸡生长性能、性征发育和福利的影响 [D]. 北京：中国农业科学院.

26. 唐诗，李冬立，贾亚雄，刘冉冉，郑麦青，秦宁，白皓，朱静，毕瑜林，刘念，华登科，陈余，赵桂苹，文杰，陈继兰，2012. 肉鸡光照研究报道（三）：光照节律和日粮能量蛋白水平对中速黄羽肉鸡综合性能的影响 [J]. 中国家禽，34(24)：61-62.

27. 邢瑞虎，2014. 不同光照周期对黄羽肉鸡生长、代谢、免疫和屠宰性能的影响 [D]. 兰州：甘肃农业大学.

28. 薛夫光，孙研研，华登科，李冬立，曹顶国，逯岩，陈继兰，2015. 光照节律对 817 肉杂鸡生产性能和胴体品质的影响 [J]. 中国畜牧杂志，51(7)：69-72.

29. 朱静，陈继兰，胡娟，文杰，赵桂苹，郑麦青，刘冉冉，刘国芳，王竹伟，毕瑜林，唐诗，2011. 不同光照制度对北京油鸡肉用性能的影响 [J]. 中国家禽，33(24)：66-67.

四、技术培训与推广情况

自 2011 年起，通过联合多个创新团队、体系试验站和企业，在全国各地组织开展了技术培训会议 50 次以上，参加培训 1 800 人次以上。通过优化光照刺激时间和光谱组成提高种鸡繁殖性能和商品鸡生产性能，通过优化光源、降低光照强度和缩短光照时间实现节能，经优化的精细化光照技术应用覆盖到 80% 以上的肉鸡养殖活动中，经济效益和社会效益显著。

主要参考文献

艾阳，1993. 鸟类的视觉 [J]. 世界科学，3：26-31.

白欣洁，2017. 褪黑激素介导孵化期单色光照射对肉鸡卫星细胞增殖的影响及其信号通路 [D]. 北京：中国农业大学.

曹静，陈耀星，王子旭，等，2007. 单色光对肉鸡生长发育的影响 [J]. 中国农业科学，40(10)：2350-2354.

陈大勇，刘淑英，张利珍，2008. 不同光照条件下褪黑素对雏鸡淋巴器官组织结构的影响 [J]. 内蒙古农业大学学报（自然科学版），29(4)：110-114.

陈继兰，2010. 肉鸡生产的光照制度 [J]. 中国家禽，32(6)：39.

陈继兰，2013. 美国肉鸡养殖工艺与光照技术研究 [J]. 北方牧业 (14):15.

陈继兰，朱静，唐诗，2011. 肉鸡光照制度的研究与应用 [J]. 中国家禽，33(20)：1-4.

程金花，陈国宏，2007. 褪黑激素及其对动物生殖影响的研究进展 [J]. 生物技术通讯，18(6)：1030-1032.

崔利宏，阿润塔娜，龄南，等，2005. 不同光照条件下褪黑素对鹌鹑外周血细胞消长规律的影响 [J]. 内蒙古农业大学学报（自然科学版），26(4)：43-45.

丁家桐，2010. 光控制对肉鸽繁殖性能的影响 [J]. 中国家禽，32(23)：35-36.

杜进姣，马淑梅，郭艳丽，等，2015. 光照强度对黄羽肉鸡生产性能、养分代谢、屠宰性能及肉品质的影响 [J]. 中国家禽，37(7)：34-37.

段龙，张自广，李锦春，2010. 间歇光照对肉仔鸡免疫器官和部分免疫指标的影响 [J]. 安徽农业科学，38(5)：2367-2369.

额尔敦木图，陈耀星，王子旭，等，2007. 单色光对蛋鸡产蛋高峰期的影响 [J]. 中国农业大学学报，12(1) : 56-60.

耿爱莲，石晓琳，张尧，2013. 光周期对蛋用型北京油鸡就巢产蛋行为发生的影响 [J]. 中国家禽，35(20) : 23-27.

郭艳丽，邢瑞虎，马淑梅，等，2015. 不同光照周期对快速黄羽肉鸡抗应激、免疫和胫骨特性的影响 [J]. 畜牧兽医学报，46(12) : 2307-2313.

胡平，李国勤，陶争荣，等，2016. 秋冬季补光时间和强度对白羽王鸽产蛋性能、血清生理生化指标及抗氧化能力的影响 [J]. 动物营养学报，28(10) : 3093-3100.

胡易，姜楠，陈耀星，等，2012. 单色光对肉鸡体质量和小肠免疫应激相关因子 IL-6 与 TNF-α 表达的影响 [J]. 畜牧兽医学报，43(9) : 1479-1482.

华登科，贺海军，贾亚雄，等，2014. 光照强度对北京油鸡生长激素和褪黑激素含量的影响 [J]. 中国家禽，36(19) : 30-32.

华登科，李冬立，孙研研，等，2014. 光照强度对北京油鸡激素分泌、生产性能及胴体性能的影响 [J]. 畜牧兽医学报，45(5) : 775-780.

黄江南，刘林秀，武艳平，等，2015. 光照时间对兴国灰鹅产蛋和 PRL、FSHβ、LH mRNA 表达的影响 [J]. 江西农业大学学报，37(2) : 308-313.

黄仁录，陈辉，邸科前，等，2008. 不同光照周期对蛋鸡高峰期血液激素水平的影响 [J]. 畜牧兽医学报，39(3) : 368-371.

兰晓宇，胡满，程金金，等，2010. 不同强度光照对母鸡中脑和间脑 c-fos 基因表达的影响 [J]. 中国农学通报，26(3) : 11-14.

李明丽，兰国湘，董新星，等，2015. 不同光色对鹌鹑产蛋性能的影响 [J]. 畜牧与兽医，47(12) : 62-65.

李琴，马鸿鹏，刘安芳，等，2015. 光照影响鹅繁殖性能和激素水平的研究进展 [J]. 中国畜牧杂志，51(15) : 88-92.

李然，陈耀星，王子旭，等，2009. 单色光对产蛋期蛋鸡脾脏组织结构及脾细胞增殖的影响 [J]. 畜牧兽医学报，40(6) : 910-915.

李云雷，孙研研，华登科，等，2014. 不同光色对黄羽肉鸡生产性能、胴体性能及性征发育的影响 [J]. 畜牧兽医学报，46(7)：1169-1175.

龄南，2007. 不同光照条件下褪黑素对鸭免疫机能的影响 [D]. 呼和浩特：
内蒙古农业大学.

刘念，唐诗，贾亚雄，等，2013. 光照程序和日粮能量蛋白水平对黄羽
肉鸡肉品质的影响 [J]. 中国家禽，35(22)：21-24.

刘淑英，齐景伟，张有存，等，2006. 不同光照条件下褪黑素对鸡鸭外
周血白细胞和 γ-IFN 含量变化的影响 [J]. 中国家禽，28(19)：73-75.

刘淑英，齐景伟，赵怀平，等，2006. 不同光照条件下褪黑素对鸡鸭鹌鹑
外周血淋巴细胞及其亚群变化的影响 [J]. 中国兽医科学，36(4)：327-
330.

刘淑英，齐景伟，柳翰凌，等，2002. 褪黑素主动免疫对鹌鹑生殖内分
泌影响的研究 [J]. 内蒙古农业大学学报（自然科学版），23(4)：22-25.

刘燕，张志委，赵婷婷，等，2017. 光周期和光刺激对雄性灰文鸟行为
及生理状况的影响 [J]. 动物学杂志，52(6)：954-963.

卢玉发，廖清华，2008. 褪黑素对肉鸡生长性能及免疫功能的影响 [J]. 饲
料工业，29(13)：37-39.

吕锦芳，倪迎冬，宁康健，等，2009. 不同光周期下 ISA 褐蛋鸡松果腺
GnRH- I mRNA 表达的变化 [J]. 中国兽医学报，29(3)：335-338.

吕敏思，2014. LED 光环境下光照强度对肉鸡行为特性及生产性能的影
响 [D]. 杭州：浙江大学.

马贺，2015. 蛋鸡对光照自主选择的偏好性试验研究 [D]. 北京：中国农业
大学.

马菁，马杨，2014. 影响鸡群免疫功能的因素探讨 [J]. 河南农业 (21)：60.

马淑梅，2016. 不同光照制度对肉鸡生长、代谢和健康的影响 [D]. 兰州：
甘肃农业大学.

马淑梅，孙研研，李冬立，等，2016a. LED 组合光谱对白羽肉鸡生长、
屠宰性能及抗应激的影响 [J]. 安徽农业大学学报，44(1)：33-39.

马淑梅，孙研研，李冬立，等，2016b. 不同光谱组合 LED 灯对白羽肉
鸡生长、免疫力、屠宰性能和福利的影响 [J]. 畜牧兽医学报，47(10)：
2037-2044.

毛振宾，李德雪，李子义，等，1991. 光照对肉鸡生长发育影响的机理研究．光照对星布罗肉鸡甲状腺组织结构的影响 [J]. 畜牧兽医学报，22(2)：106-110.

齐景伟，刘淑英，张旺，等，2003. 褪黑素主动免疫和不同光照条件对鹌鹑白细胞介素 -2 分泌的影响 [J]. 内蒙古农业大学学报（自然科学版），24(4)：35-38.

钱建中，曹斌，1997. 人工光照方式对鸡免疫系统的影响 [J]. 禽业科技 (5)：18.

石雷，李云雷，孙研研，等，2018. 光照节律调控鸡繁殖性能机制研究进展 [J]. 中国农业科学，51(16)：3191-3200.

石雷，孙研研，李云雷，等，2017. 不同光照节律对 AA 肉鸡生产性能、胴体性能和福利的影响 [J]. 家畜生态学报，38(7)：32-37.

石雷，孙研研，许红，等，2017. 光照刺激时间对肉种鸡性成熟的影响 [J]. 畜牧兽医学报，48(11)：2107-2114.

石雷，孙研研，许红，等，2018. 光照刺激时间对蛋种鸡性发育、蛋壳质量和繁殖性能的影响 [J]. 甘肃农业大学学报，53(4)：22-28.

孙研研，陈继兰，2017. 种公禽繁殖系统对光要素的应答机制研究进展 [J]. 中国畜牧兽医，44(9)：2692-2698.

唐诗，2013. 不同光照节律和营养水平对黄羽肉鸡生长性能、性征发育和福利的影响 [D]. 北京：中国农业科学院．

唐诗，李冬立，贾亚雄，等，2012. 肉鸡光照研究报道（三）：光照节律和日粮能量蛋白水平对中速黄羽肉鸡综合性能的影响 [J]. 中国家禽，34(24)：61-62.

王俊锋，赵云焕，刘涛，2013. 光照对肉鸡免疫功能的影响研究进展 [J]. 养禽与禽病防治 (1)：2-5.

王团结，2014. 单色光对鸡胚肝脏发育和 IGF-1 分泌的影响及其作用的信号通路 [D]. 北京：中国农业大学．

王莹，严正杰，丁家桐，等，2014. 肉鸽补单色光效应分析 [J]. 畜牧兽医学报，45(9):1544-1548.

魏涛，唐粉芳，金宗濂，2002. 褪黑激素的生理功能 [J]. 食品工业科技，

23(9)：98-101.

魏伟，徐叔云，1996. 免疫系统褪黑素结合位点的研究进展 [J]. 中国药理
学通报，12(5)：392-394.

席咏文，庄汉辰，1996. 能否利用光照方案增强肉鸡的免疫系统 [J]. 国外
畜牧学（猪与禽）(5)：49.

肖芝萍，史青，范志勇，2016. 褪黑素的生理功能及其对机体节律性的
影响 [J]. 饲料博览 (8)：9-11.

谢电，陈耀星，王子旭，等，2007. 单色光对脂多糖应激后肉鸡脾脏组织
结构及脾细胞免疫功能的影响 [J]. 中国农业大学学报，12(1)：13-16.

谢电，陈耀星，王子旭，等，2008. 蓝光对肉鸡免疫应激的缓解作用 [J].
中国兽医学报，28(3)：325-327.

谢昭军，李云雷，华登科，等，2014. 不同光源类型对黄羽肉鸡生长性
能的影响：第四届（2014）中国白羽肉鸡产业发展大会暨第三届全球
肉鸡产业研讨会会刊 [C].

辛海瑞，潘晓花，毕晔，等，2016. 光照节律对北京鸭生产性能、屠宰
性能和血液抗氧化功能的影响 [J]. 中国农业科学，49(23)：4638-4645.

辛海瑞，潘晓花，杨亮，等，2016. 光照强度对北京鸭生产性能、胴体
性能及肉品质的影响 [J]. 动物营养学报，28(4)：1076-1083.

邢瑞虎，2014. 不同光照周期对黄羽肉鸡生长、代谢、免疫和屠宰性能
的影响 [D]. 兰州：甘肃农业大学.

徐峰，李经才，杨迎暴，等，1994. 褪黑素对光照制度改变影响的对抗
作用 [J]. 中国药理学通报，6（15）：448-452.

徐银学，葛盛芳，周玉传，等，2001. 不同光照制度对绍兴鸭和高邮鸭
生长和相关激素及其基因表达的影响 [J]. 南京农业大学学报，24(2)：
79-82.

薛夫光，孙研研，华登科，等，2015. 光照节律对 817 肉杂鸡生产性能和
胴体品质的影响 [J]. 中国畜牧杂志，51(7)：69-72.

薛夫光，辛海瑞，熊本海，2016. 光照节律对北京鸭肉品质及免疫性能的
影响：中国畜牧兽医学会动物营养学分会第十二次动物营养学术研讨
会论文集 [C]. 中国畜牧兽医学会动物营养学分会：中国畜牧兽医学会.

杨海明，巨晓军，王志跃，等，2015. 光照时间和环境温度对种鹅繁殖系统及相关激素 mRNA 表达、分泌的影响 [J]. 中国农业科学，48(13)：2635-2644.

杨景晁，李有志，刘永才，等，2017. LED 灯光照对笼养蛋鸡生产性能的影响及节能效果分析 [J]. 畜牧与兽医，49(10)：43-45.

杨琳，Minainga M，傅伟龙，等，1999. 不同光照制度对黄羽肉鸡生长性能及能量沉积的影响 [J]. 家畜生态，20(4)：17-24.

杨琳，Minaingar M，傅伟龙，等，2000. 不同光照制度对黄羽肉鸡蛋白质沉积及血浆中甲状腺激素浓度的影响 [J]. 动物营养学报，12(4)：57-61.

于江明，2016. LED 灯不同光照强度对层叠笼养蛋鸡生产性能以及福利影响 [D]. 大庆：黑龙江八一农垦大学.

余燕，2014. 不同波长光照射对鸡胚后期小肠和法氏囊发育的影响及作用机制初探 [D]. 北京：中国农业大学.

俞玥，2016. LED 光调控鸡胚孵化及蛋壳光透过特性研究 [D]. 杭州：浙江大学.

袁青妍，赖柏松，钱程，等，2016. 不同 LED 光色对雪山鸡生长性能、鸡冠发育和啄羽行为的影响 [J]. 安徽农业科学，44(19)：171-172.

张兰霞，施正香，王新颖，等，2006. 紫外线对肉仔鸡骨骼发育的影响 [J]. 中国农业科学，39(9)：1902-1906.

张利卫，2017. 褪黑激素介导单色光影响鸡下丘脑 GnRH-I 和 GHRH 表达作用途径的研究 [D]. 北京：中国农业大学.

张林，2012. 孵化期间不同波长光照调控肉仔鸡肌肉生长的机理 [D]. 咸阳：西北农林科技大学.

张晓明，苗榕生，谢蜀生，等，2002. 紫外线 B 照射对小鼠免疫功能影响的研究 [J]. 中国预防医学杂志，3(3)：60-62.

张学松，2002. 色光对家禽生产的影响 [J]. 中国家禽 . 24(3)：39-41.

张自强，2014. 不同单色光组合对肉鸡脾淋巴细胞增殖及其相关信号途径的影响 [D]. 北京：中国农业大学.

赵芙蓉，耿爱莲，焦伟伟，等，2012. 光周期对北京油鸡雏鸡采食行为

与生产性能的影响 [J]. 中国家禽，34(15)：25-28.

赵兴绪，2010. 家禽的繁殖调控 [M]. 北京：中国农业出版社 .

郑兰，马玉娥，占秀安，2013. 间歇光照对半开放养殖模式黄羽肉鸡的作用效果研究：中国畜牧兽医学会家禽学分会第九次代表会议暨第十六次全国家禽学术讨论会论文集 [C]. 中国畜牧兽医学会家禽学分会：中国畜牧兽医学会 .

周爱民，袁育康，范桂香，等，2001. 褪黑素的免疫调节作用 [J]. 西安医科大学学报，22(5)：422-424.

朱静，陈继兰，胡娟，等，2011. 不同光照制度对北京油鸡肉用性能的影响 [J]. 中国家禽，33(24)：66-67.

Adamska I, Lewczuk B, Markowska M, et al., 2016. Daily profiles of melatonin synthesis-related indoles in the pineal glands of young chickens (*Gallus gallus domesticus* L.) [J]. Journal of Photochemistry and Photobiology B: Biology, 164: 335-343.

Akbulut K G, Gonul B, Akbulut H, 2001. The effects of melatonin on humoral immune responses of young and aged rats [J]. Immunological Investigations, 30(1): 17-20.

Archer G S, 2015. Comparison of incandescent, CFL, LED and bird level LED lighting: growth, fear and stress [J]. International Journal of Poultry Science, 14(8): 449-455.

Ashton W L, Pattison M, Barnett K C, 1973. Light-induced eye abnormalities in turkeys and the turkey blindness syndrome [J]. Research in Veterinary Science, 14(1): 42-46.

Barber C L, Prescott N B, Wathes C M, et al., 2004. Preferences of growing ducklings and turkey poults for illuminance [J]. Animal Welfare, 13(2): 211-224.

Blatchford R A, Archer G S, Mench J A, 2012. Contrast in light intensity, rather than day length, influences the behavior and health of broiler chickens [J]. Poultry Science, 91(8): 1768-1774.

Blatchford R A, Klasing K C, Shivaprasad H L, et al., 2009. The effect of light intensity on the behavior, eye and leg health, and immune function of broiler chickens [J]. Poultry Science, 88(1): 20-28.

Boersma S I, Robinson F E, Renema R A, 2002. The effect of twenty-eight-hour ahemeral day lengths on carcass and reproductive characteristics of broiler breeder hens late in lay [J]. Poultry Science, 81(6): 760-766.

Davis N J, Prescott N B, Savory C J, et al., 1999. Preferences of growing fowls for different light intensities in relation to age, strain and behavior [J]. Animal Welfare, 8(3): 193-203.

Denbow D M, Leighton A T, Hulet R M, 1990. Effect of light sources and light intensity on growth performance and behaviour of female turkeys [J]. British Poultry Science, 31(3): 439-45.

Guo Y L, Li W B, Chen J L, 2010. Influence of nutrient density and lighting regime in broiler chickens: effect on antioxidant status and immune function [J]. British Poultry Science, 51(2): 222-228.

Hawes R O, Lakshmanan N, Kling L J, 1991. Effect of ahemeral light:dark cycles on egg production in early photostimulated brown-egg pullets [J]. Poultry Science, 70(7): 1481-1486.

Hester P Y, Sutton A L, Elkin R G, 1987. Effect of light intensity, litter source, and litter management on the incidence of leg abnormalities and performance of male turkeys [J]. Poultry Science, 66(4): 666-675.

Ingram D R, Hatten L F, Mcpherson B N, 2000. Effects of light restriction on broiler performance and specific body structure measurements [J]. Journal of Applied Poultry Research, 9(4): 501-504.

Jin E, Jia L, Li J, et al., 2011. Effect of monochromatic light on melatonin secretion and arylalkylamine N-acetyltransferase mRNA expression in the retina and pineal gland of broilers [J]. Anat Rec (Hoboken), 294(7): 1233-1241.

Johnston J D, 2004. Photoperiodic regulation of prolactin secretion: changes in intra-pituitary signalling and lactotroph heterogeneity [J]. Journal of Endocrinology, 180(3): 351-356.

Kirby J D, Froman D P, 1991. Research note: evaluation of humoral and delayed hypersensitivity responses in cockerels reared under constant light or a twelve hour light:twelve hour dark photoperiod [J]. Poultry Science, 70(11): 2375-2378.

Kliger C A, Gehad A E, Hulet R M, et al., 2000. Effects of photoperiod and melatonin on lymphocyte activities in male broiler chickens [J]. Poultry Science, 79(1): 18-25.

Lewis P D, Caston L, Leeson S, 2007. Green light during rearing does not significantly affect the performance of egg-type pullets in the laying phase [J]. Poultry Science, 86(4): 739-743.

Lewis P D, Morris T R, 1998. Responses of domestic poultry to various light sources [J]. World's Poultry Science Journal, 54(1):7-25.

Li J, Wang Z, Cao J, et al., 2013. Melatonin receptor subtypes Mel1a and Mel1c but not Mel1b are associated with monochromatic light-induced B-lymphocyte proliferation in broilers [J]. Domestic Animal Endocrinology, 45(4): 206-215.

Lin L, Cook D N, Wiesehahn G P, et al., 1997. Photochemical inactivation of viruses and bacteria in platelet concentrates by use of a novel psoralen and long-wavelength ultraviolet light [J]. Transfusion, 37(4): 423-435.

Manser C E, 1996. Effects of Lighting on the Welfare of Domestic Poultry: A Review [J]. Animal Welfare, 5(4): 341-360.

Moore C B, Siopes T D, 2000. Effects of lighting conditions and melatonin supplementation on the cellular and humoral immune responses in japanese quail coturnix coturnix japonica [J]. General and Comparative Endocrinology, 119(1): 95-104.

Newberry R C, Hunt J R, Gardiner E E, 1988. Influence of light intensity on behavior and performance of broiler chickens [J]. Poultry Science, 67(7): 1020-1025.

Olanrewaju H A, Miller W W, Maslin W R, et al., 2016. Effects of light sources and intensity on broilers grown to heavy weights. Part 1: Growth performance, carcass characteristics, and welfare indices [J]. Poultry Science, 95(4): 727-735.

Olanrewaju H A, Purswell J L, Collier S D, et al., 2011. Effect of varying light intensity on growth performance and carcass characteristics of broiler chickens grown to heavy weights [J]. International Journal of Poultry Science, 10(12): 921-926.

Pashkov A N, Popov S S, Semenikhina T I, et al., 2005. Glutathione system and activity of NADPH-generating enzymes in the liver of intact rats and animals with toxic hepatitis receiving melatonin [J]. Bulletin of Experimental Biology and Medicine, 139(5): 565-568.

Rivas A L, Fabricant J, 1988. Indications of immunodepression in chickens infected with various strains of Marek's disease virus [J]. Avian Diseases, 1988, 32(1): 1-8.

Robinson F E, Zuidhof M J, Renema R A, 2007. Reproductive efficiency and metabolism of female broiler breeders as affected by genotype, feed allocation, and age at photostimulation. 1. Pullet growth and development [J]. Poultry Science, 86(10): 2256-2266.

Sadrzadeh A, Brujeni G N, Livi M, et al., 2011. Cellular immune response of infectious bursal disease and Newcastle disease vaccinations in broilers exposed to monochromatic lights [J]. African Journal of Biotechnology, 10(46): 9528-9532.

Saldanha C J, Silverman A J, Silver R, 2001. Direct innervation of GnRH neurons by encephalic photoreceptors in birds [J]. Journal of Biological Rhythms, 16(1): 39-49.

Scott R P, Siopes T D, 1994. Evaluation of cell-mediated immunocompetence in mature turkey breeder hens using a dewlap skin test [J]. Avian Diseases, 38(1): 161-164.

Scott R P, Siopes T D, 1994. Light color: effect on blood cells, immune function and stress status in turkey hens [J]. Comparative Biochemistry and Physiology Part A: Physiology, 108(2-3): 161-168.

Sharp P J, Dunn I C, Cerolini S, 1992. Neuroendocrine control of reduced persistence of egg-laying in domestic hens: evidence for the development of photorefractoriness [J]. Journal of Reproduction and Fertility, 94(1): 221-235.

Shi L, Sun Y Y, Xu H, et al., 2019. Effect of age at photostimulation on reproductive performance of Beijing-You Chicken breeders [J]. Poultry Science, 98(10): 4522-4529.

Shi L, Sun Y Y, Xu H, et al., 2020. Effect of age at photostimulation on sexual maturation and egg-laying performance of layer breeders [J]. Poultry Science, 99(2): 812-819.

Shutze J V, Lauber J K, Kato M, et al., 1962. Influence of incandescent and coloured light on chicken embryos during incubation [J]. Nature, 196: 594-595.

Singh S S, Haldar C, Rai S, 2006. Melatonin and differential effect of L-thyroxine on immune system of Indian tropical bird Perdicula asiatica [J]. General and Comparative Endocrinology, 145(3): 215-221.

Siopes T D, Underwood H A, 2008. Diurnal variation in the cellular and humoral immune responses of Japanese quail: role of melatonin [J]. General and Comparative Endocrinology, 158(3): 245-249.

Sun Y Y, Li Y L, Li D L, et al., 2017. Responses of broilers to the near-continuous lighting, constant 16-h lighting, and constant 16-h lighting with a 2-h night interruption [J]. Livestock Science, 206: 135-140.

Tyler N C, Gous R M, 2012. Photorefractoriness in avian species-could this be eliminated in broiler breeders? [J]. World's Poultry Science Journal, 68(4): 645-650.

Vandenbert C, Widowski T M, 2000. Hens' preferences for high-intensity high-pressure sodium or low-intensity incandescent lighting [J]. Journal of Applied Poultry Research, 9(2): 172-178.

Volkova V V, Byrd J A, Hubbard S A, et al., 2010. Lighting during grow-out and Salmonella in broiler flocks [J]. Acta Veterinaria Scandinavica, 52(1):

46.

Von Essen M R, Kongsbak M, Schjerling P, et al., 2010. Vitamin D controls T cell antigen receptor signaling and activation of human T cells [J]. Nature Immunology, 11(4): 344-349.

Wang C M, Chen L R, Lee S R, et al., 2009. Supplementary artificial light to increase egg production of geese under natural lighting conditions [J]. Animal Reproduction Science 113(1-4): 317-321.

Wang P L, Sun Y Y, Fan J , et al., 2020. Effects of monochromatic green light stimulation during embryogenesis on hatching and post-hatch performance of four strains of layer breeder [J]. Poultry Science, 99(11): 5501-5508.

Wang Y, Ding J T, Yang H M, et al., 2015. The effect of new monochromatic light regimes on egg production and expression of the circadian gene *BMAL1* in pigeons [J]. Poultry Science, 94(5): 836-840.

Xie D, Wang Z, Cao J, et al., 2008. Effects of monochromatic light on proliferation response of splencyte in broilers [J]. Anatomia Histologia Embryologia, 37(5): 332-337.

Yadav S, Chaturvedi C M, 2015. Light colour and intensity alters reproductive/ seasonal responses in Japanese quail [J]. Physiology and Behavior, 147:163-168.

Zuidhof M J, Renema R A, Robinson F E, 2007. Reproductive efficiency and metabolism of female broiler breeders as affected by genotype, feed allocation, and age at photostimulation. 3. Reproductive efficiency [J]. Poultry Science, 86(10): 2278-2286.